# 麻理惠的
# 整理魔法

近藤麻理惠 著　游韻馨 譯

當一個人不是真心企求，
就無法改變自己的人生。

推薦序

# 只要動手整理，人生真的會改變

到府收納教學專家　廖心筠

有句話說：「這世界上一定有一個和你一樣的人。」在還沒接觸麻理惠的怦然心動整理魔法之前，我並沒有發現自己的想法與她是如此相似，直到開始從事到府收納教學服務，朋友推薦我看麻理惠的書，在閱讀的當下，激動得全身起雞皮疙瘩，從沒想過在另一個國家，竟然有人在和我做著一樣的事，真的非常感動。

我至今已經去過上百個家庭，每次都帶回不一樣的人生故事，就像《深夜食堂》的老闆，是以他的料理深入人心，而我是藉由收納了解屋主的心境。收納不只是收納而已，而是重新面對自己，很多時候，我覺得自己更像是家的醫生。針對生病的環境給予方向對症下藥。

家是反映內心最直接的縮影，當你的心情紛亂，家裡的環境也一樣會亂七八糟。因爲當你連自己的需求都看不清楚，就無法果斷辨別、分類篩選雜物。

麻理惠說：「房間並不會自己變亂，而是住在裡面的人讓它變亂的。」很多雜亂的原因都是「順手」的習慣所造成的。大部分的人覺得明明好不容易整理整齊了，爲什麼沒多久就亂了？因爲懶了、鬆懈了，沒有養成歸位、維持整齊的習慣，開始隨手亂放，導致雜亂，更找不到東西。這也是麻理惠非常堅持的「整理節慶」的原因，每天整理一點點，其實無法有效整理，應該要一口氣把所有同類物品拿出來，才會知道總數有多驚人，才能體會整理有多累。我遇過有兩百條褲子的媽媽和三百條圍巾的奶奶，在把物品集中之前，她們並沒有察覺自己在不知不覺中竟然買了這麼多東西，視覺的衝擊和心理的教訓能讓你牢牢記住，馬上覺醒：「天啊！我眞的不能再這樣下去了！」

大多數人整理的方法是從空間下手，例如今天整理書房，明天整理客廳，其實這樣的方法是不對的。正確的方式是依照物品的類別整理，例如今天整理衣服，就把所有衣服拿出來一一檢視。還有一個多數人的整理盲點是，總是從A區整理到B區再到C區，把東西移來移去，最後三個區域都整理不好。有效率的收納法必須「同時進行」，把ABC區所有的物品都集中後抉擇，接著分類，最後才是依照習慣和聯想收納。

每個年齡層都因爲時空背景而形成不同的收納習慣，老一輩的爺爺奶奶以前生活在戰亂的窮困生活，因此對物資匱乏有極度的恐慌，除了捨不得買、捨不得吃、捨不得用，還不停地把覺得能用的物品撿回家；中年一輩的爸爸媽媽，則是活在兄弟姊妹衆多的戰後嬰兒潮，所有東西都要好好珍惜，才能傳下去給弟弟妹妹用，於是他們習慣東西壞了不是再買，而是想辦法修；而年輕的一代則是活在少子化、備受寵愛的年代，因爲沒吃過什麼苦，不懂得珍惜，從小對玩具喜新厭舊，念書時開始跟同學比較誰的3C手機和球鞋比較炫，長大後行頭一定要不停更新，加上數位化的時代，買東西輕而易舉，於是瘋狂瞎買下，累積了過多的物品。

收納的精髓在於「抉擇力」，也是麻理惠所傳授的「問問自己心動與否？」剛開始抉擇都讓人覺得掙扎，一旦上手了，就能決定得非常迅速。視線清楚了，思考更清晰，做起事來更有效率。收納眞的有魔法，能讓猶豫的人變得果決，讓暴躁的人變得平靜。

在本書中，麻理惠列出了所有整理的小訣竅。你一定要試著做做看，然後就會發現：整理一點都不難，一直拋不下的，是過去的自己；重生之後，不再爲物品而牽絆。

自序

# 各式整理祕訣，幫助你打造怦然心動的家

不知有多少人問過我，想不想出一本利用插圖簡單解說麻理惠整理魔法，重現我與客戶面對面時親自教授正確整理法的書。

每次我都回答：「不需要出版這樣的書，因爲整理的九成得靠精神。」

我如此回答的原因很簡單，就算很快記住正確的整理方法，若不徹底改變內心，最後一定會打回原形。

身爲整理諮詢顧問，一路走來我傳授的都是治本的方法，讓一個人成爲會整理的人，而不是單純的居家整理術。

我認爲，想要成爲一個會整理的人，在某種程度上需要實行震撼療法，採取非常措施。

話說回來，在展開「整理節慶」，完成「丟掉」這個動作之後，大家確實會想知道正確的收納方法。從這一點來看，利用插圖簡單解說的書籍，便成爲正在進行「整理節慶」的人亟需的參考資料。

不過，我也很擔心當一個人尚未下定決心「徹底完成整理」，便開始翻閱這樣的書籍，反而會帶來反效果。

在某種程度上，出版本書就等於公開「禁忌之書」。

容我開門見山地問各位：

「你是否已下定決心，一定要完成一生只有一次的『整理節慶』？」

答案是肯定的讀者，請務必閱讀本書。已經完成「整理節慶」的讀者，這本滿載各式整理祕訣的書，絕對能幫助你打造怦然心動的居家環境。

若你的答案是否定的，請務必先閱讀我的第一本書《怦然心動的人生整理魔法》。已經看過第一本書的讀者，請重讀一次，再翻閱本書。或許你受到某些事的阻礙，才遲遲無法完成整理。

本書是麻理惠怦然心動人生整理魔法的集大成，對於已經下定決心完成整理的人來說，絕對能解決你的所有問題，幫助你完成整理。請務必從第一頁開始閱讀。

已經完成一遍整理，還想了解更多細節的讀者，可將本書當成「怦然心動的人生整理魔法事典」。配合整理進度，需要時直接翻閱相關頁面，確認整理細節即可。

你做好心理準備了嗎？

請記住，「整理之神」隨時都會在一旁支持下定決心的人。

# 目錄

Contents

Contents

Contents

Contents

Contents

# 序章

# 怦然心動的家

## 怦然心動的玄關

將鞋底擦乾淨，每天擦拭玄關前的水泥地。
因為玄關是一個家的門面。

玄關基本上要「以簡單裝飾為原則」。
這裡是家中最神聖的場所。

理想的玄關

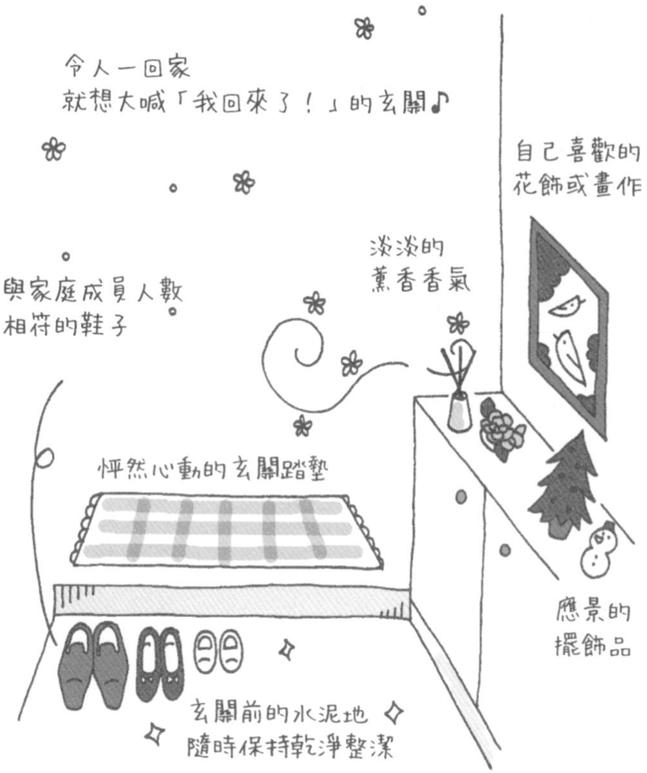
令人一回家
就想大喊「我回來了！」的玄關♪
自己喜歡的
花飾或畫作
淡淡的
薰香香氣
與家庭成員人數
相符的鞋子
怦然心動的玄關踏墊
應景的
擺飾品
玄關前的水泥地
隨時保持乾淨整潔

## 怦然心動的客廳

客廳是全家歡樂相聚、開心聊天的地方。

請留意讓客廳成為全家生活的中心點。

理想的客廳
電視旁闢出一塊區域
擺上家人的
照片
播放自己
喜歡的音樂
遙控器、雜誌與報紙
都有固定的收納位置
每次澆水
就對它說：
「你今天還是
這麼有精神。」
令人心動的
沙發與
茶几
打造
「全家可以
開心聊天的空間」♪

## 怦然心動的廚房

廚房最重要的就是整潔。
水滴與油漬是維持整潔的天敵。

因此方便擦拭是第一要務，
流理台與瓦斯爐旁
最好不放任何東西。

# 理想的廚房

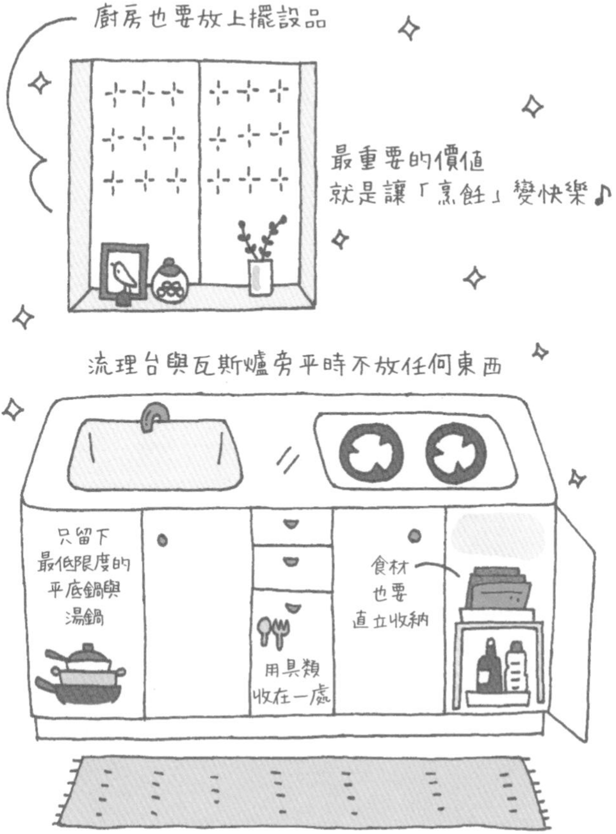
廚房也要放上擺設品
最重要的價值
就是讓「烹飪」變快樂♪
流理台與瓦斯爐旁平時不放任何東西
只留下
最低限度的
平底鍋與
湯鍋
用具類
收在一處
食材
也要
直立收納

## 怦然心動的工作室

只要將多餘文件「全部丟掉」，
就能讓頭腦清晰。

唯一要注意的是，
工作室不能只追求實用性，玩心也很重要。

## 理想的工作室

不能只追求實用性
玩心也很重要
工作用書和文件
皆依照自己的
方式分類
排列整齊
1 2 3 4 5 6 7 8
工作桌上放著小型觀葉植物
工作桌隨時
保持整潔

## 怦然心動的臥室

每天換床單與枕頭套。
這個看似麻煩的生活習慣
能改變你的人生。
臥室是療癒一整天的疲勞，
為自己充電的基地。

# 理想的臥室

療癒一整天的疲勞
為自己充電的基地

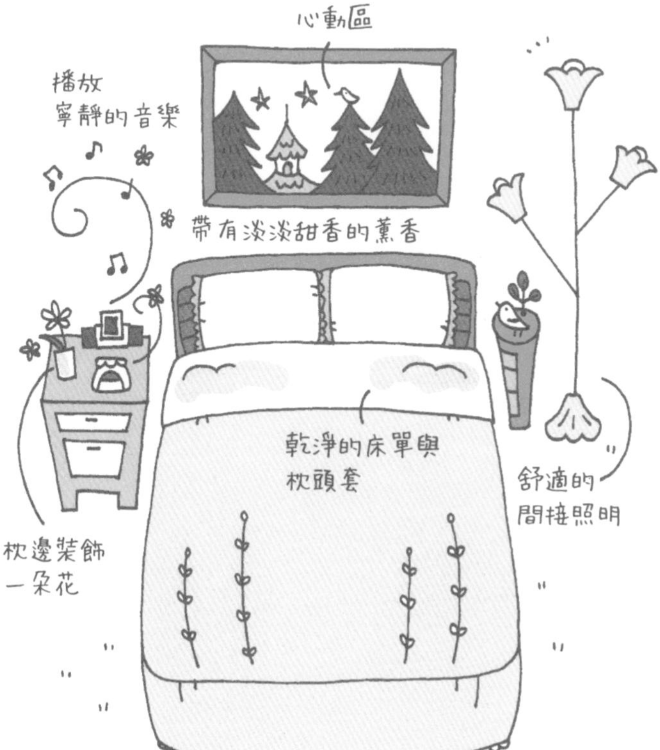

## 怦然心動的浴室

你是否也想好好享受
療癒身心的泡澡時光？

浴室絕對不放任何物品。
只要做到這一點，
就能打造怦然心動的療癒浴室。

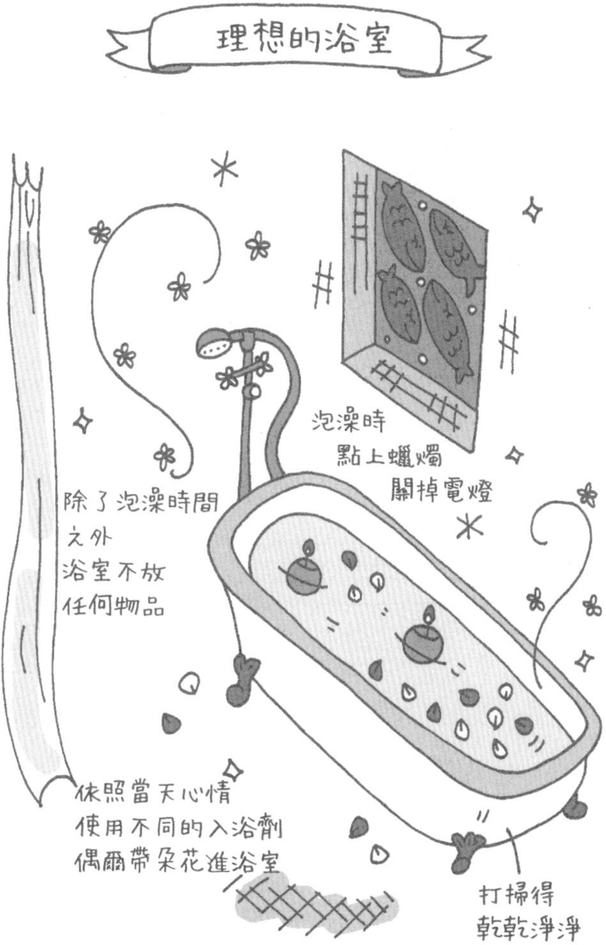
理想的浴室
泡澡時
點上蠟燭
關掉電燈
除了泡澡時間
之外
浴室不放
任何物品
依照當天心情
使用不同的入浴劑
偶爾帶朵花進浴室
打掃得
乾乾淨淨

## 怦然心動的廁所

廁所是一個家的排毒空間。
絕對不能讓能量滯留在此。

不擺放多餘雜物，
利用擺設品讓廁所更舒適。

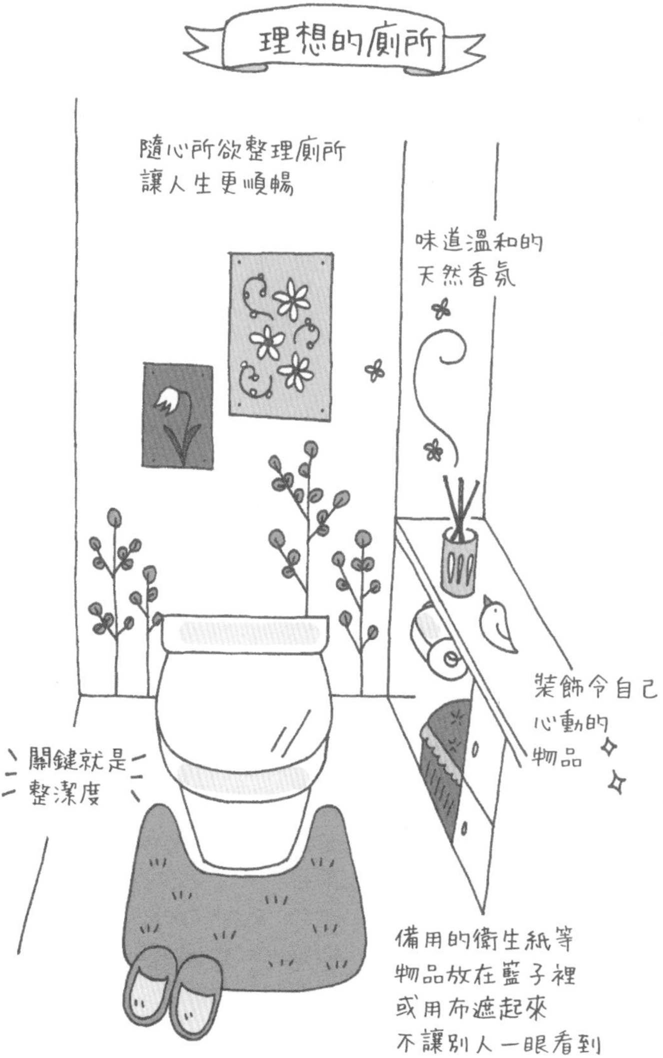
理想的廁所
隨心所欲整理廁所
讓人生更順暢
味道溫和的
天然香氛
裝飾令自己
心動的
物品
關鍵就是
整潔度
備用的衛生紙等
物品放在籃子裡
或用布遮起來
不讓別人一眼看到

不是「將所有東西都丟掉」，
而是「留下令自己心動的物品」，
才能真正擁有理想生活。

# 第一章

# 麻里惠整理魔法的「六大原則」

# 1 下定整理的決心

首先我要問各位一個問題：你做好心理準備了嗎？

「什麼？整理還要做好心理準備？」

有這種想法的人一定要小心。

由於「整理的九成得靠精神」，儘管正確的整理方法也很重要，但光學會方法，很可能會打回原形。

接下來你要完成的整理，並非單純地讓「房間變整潔」，或是「只有朋友來的時候看起來整潔」。

而是改變你的人生，讓「人生怦然心動」的整理。

實踐我傳授的整理方法，會在你的人生中產生許多變化。

首先，只要整理一次，絕對不會打回原形。

此外，你會擁有堅定的價值觀，清楚自己想做的事。

而且你會更加珍惜物品，每天過著充實的生活。

整理成功的祕訣，就是「一口氣在短時間內徹底完成整理」。

只要體驗過一次完美無缺的整理，你就會打從心底決定「我再也不要住在雜亂環境」，這股強烈的願望，能讓你維持整潔的居家環境。

我傳授的整理方法需要時間，也需要體力，某種程度上可說是有點辛苦。若你眞心「想在有限人生中好好完成整理」，請繼續翻閱下去。若你認爲自己「絕對可以成爲會整理的人」，請繼續堅定地相信自己。

首先下定決心完成整理，接下來只要依照正確的方法整理即可。

每個人都能成爲會整理的人。

「可是，我每次整理完畢，家裡很快就會變得一團亂。」

有這層顧慮的讀者無須擔心，我會好好地指導你！



## ★ 整理的九成得靠精神。

## 2

## 思考理想的生活

決定要好好整理的你，請先做以下這件事：

「請思考你的理想生活，你想在什麼樣的家，過什麼樣的日子？」擅長畫畫的人不妨畫下來，或是化爲文字，寫在筆記本上。從居家布置雜誌剪下自己的理想居家照片，也是很好的做法。

咦？你認爲這件事不重要，想要趕緊著手整理？

這個想法正是整理後立刻打回原形的一大原因。思考理想生活，正是在思考：自己爲什麼要整理？整理結束後想過什麼樣的人生？整理，對人生來說，是一種等同於重要節慶的行爲。

各位首先要做的，就是認眞思考自己眞正想要的理想生活。

★ 不要一開始就動手整理。

## 3 先完成「丟掉」這個動作

總是學不會整理的人，基本上都不丟東西，將所有物品硬塞在收納空間裡，這是他們共通的特性之一。

只要將物品收在收納用品中，看起來就很整潔。不過，打開抽屜或箱子卻發現都是不要的東西，最後就會失控，不斷打回原形。

整理成功的鐵則就是，先完成「丟掉」這個動作。先決定要留與要丟的東西，了解留下的物品有多少，再思考收納場所，準備收納家具。

若在判斷東西去留的過程中，擔心「這些東西要收在哪裡」或「真的收得下嗎？」，最後導致無法繼續下去，這是最可惜的結果。

在揀選物品時「先將物品放在暫存區」，抱持著輕鬆的態度，專心完成物品的揀選，才是早日完成整理的祕訣。

絕對不能依賴收納
有好多
收納家具喔……
想著要
怎麼收納之前
一定要先完成
「丟掉」這個動作！

★「丟」之前絕對不能想著要怎麼收納。

# 4 不能按「場所類別」整理，要按「物品類別」整理

「按場所．房間類別整理」是多數人最常犯的錯誤之一，許多打回原形的例子，原因就是按場所整理。

不能按「場所．房間類別」整理的原因在於，這個做法只是將原本放在這個房間的物品移到其他房間，或將同一類物品分別放在不同房間裡，到最後自己根本搞不清楚擁有多少物品。

按「物品類別」整理才能避免打回原形，也是最正確的整理方法。

換句話說，就是要一口氣整理完同類別的物品。舉例來說，整理衣服時一定要將家裡所有衣服集中在同一個地方，如此一來，你才會發現「原來自己擁有這麼多衣服」，進而冷靜掌握現狀。看到這堆衣服山，可以強迫你面對現實，了解自己多麼不愛惜物品。由此可見，掌握自己擁有的各類物品總數，是最重要的關鍵。

## 按「物品別」完成整理

舉例來說
將同一類的
所有物品
統統集中在同一處
掌握現況！
衣服
書籍
文具
充分掌握
各類物品的
所有數量

**★ 按「場所・房間類別」進行整理，**
**最後就會打回原形。**

## 5 按正確順序整理

整理有其正確順序，按「物品類別」依序完成衣服、書籍、文件、小東西、紀念品的整理，才是首要條件。這個順序能讓整理更加順利，也能讓空間愈來愈清爽。

若不按照正確順序整理，就會整理不完，即使完成整理，也會立刻打回原形……各位發現了嗎？整理最重要的就是整理順序。

多數人最常犯的錯誤就是，整理到一半發現過去的照片，於是開始回想過去的美好時光，到最後根本忘了要整理。你是否也有相同經驗？

話說回來，為什麼整理順序如此重要？因為可以提升你的「怦然心動感受度」。衣服是最適合用來提升「怦然心動感受度」的練習對象，在尚未掌握心動的感覺之前，絕對不可以整理照片等紀念品。

正確的整理順序
順序很重要
有助於提升
「怦然心動
感受度」！
衣服
書籍
文件
小東西
紀念品

★ **整理順序錯誤，最後就會打回原形。**

## 6 問自己是否怦然心動

決定物品去留的判斷標準，就是「心動與否」。

而且判斷時一定要觸摸。把東西一個一個拿在手裡與其對話，仔細觸摸。

觸摸時，請試著感受自己的身體反應。

摸到令自己心動的物品時，身體會「撲通」一下，全身細胞像是一個個往上跳的感覺。相反的，摸到自己不心動的物品時，身體則會「咚」的一聲下沉，感覺無比沉重。重點不在於「選擇要丟的東西」，而是「選擇要留的東西」。只留下令自己心動的物品即可。

丟掉不心動的物品時，請務必說聲「謝謝」再丟。感謝這些與自己有緣的物品來到家裡，好好與它們道別，自然就能培養愛惜物品的心。

# 我是否感到心動？

把東西
一個一個
拿在手裡觸摸
我好心動！
全身細胞
像是往上跳的
感覺♪
撲
通
我不心動
咚
不是選擇
要丟的東西
而是要留的東西
這個時候
請抱持感謝的心
好好與物品道別

★ **向要丟的東西說聲「謝謝」，好好道別。**

column

## 絕對不能「先搬家再整理」

每當有人問我：「整理應該在搬家前，還是搬家後做？」我一定立刻回答：「搬家前。」如果你還沒找到新家，更要趁現在完成整理。

原因很簡單，現在的家將會為你帶來新家的緣分。

我認為所有房子都是由同一個網絡串連起來的。在我的想像裡，當你好好整理家裡，現在的家就會向所有房子說：「我的主人很用心對待我。」吸引新房子到來……

事實上，許多人整理完後跟我說：「我找到理想的房子了！」我相信未來一定還會有更多實例，訴說著與新房子相遇的巧妙緣分。

有鑑於此，若你想搬到更好的房子住，請務必好好珍惜現在的房子。搬家前整理，效果將會出乎意料的好。

自己會對什麼事物感到心動？
對什麼事物無動於衷？
說得誇張一點，從生存在這個世界的自己
「對什麼事物感到心動」的角度，
可以看出自己是個什麼樣的人。

房間不會自己變亂，
是住在裡面的人讓它變亂的。

# 第二章

# 這樣整理，打造怦然心動的衣櫃

## 7

# 整理上衣

「整理節慶」要從整理衣服開始。

請從家中所有收納場所拿出自己的衣服，一件不剩地堆在同一處。無論是夏季還是冬季衣服，從上到下，舉凡西裝、大衣等外套單品，到襪子、絲襪等，將各種類型的衣服集中起來。此時應迅速完成動作，像機器人一樣俐落地找遍家中各個角落，將所有衣服收集在一起。

所有衣服堆成一座小山後，請再確認一次。

眼前的小山，就是你所有的衣服嗎？

是否還有些衣服放在其他家人的抽屜裡？或是遺落在壁櫥上層？請務必告訴自己，除了正在清洗或晾乾的衣服之外，「這次沒有收集到的衣服都要全部丟掉」。

堆好衣服山之後，開始確認每件衣服的心動程度。將衣服一件一件拿在手裡，選出令自己心動的單品。最好先從上衣開始選起。因爲靠近心臟的物品，較容易判斷是否心動。

建議先從過季上衣開始判斷。將其拿在手裡，問自己：「下一季是否還想見到它？」或者問自己：「若今天氣溫突然變了，現在馬上就想穿嗎？」

「你說下一季是不是還想見到它，好像也沒有那麼嚴重……」如果你是這麼想的，請跟它說聲：「謝謝你爲我增色不少。」然後放手。

若你覺得「這件衣服穿起來很暖和，我很喜歡」，認爲這是一件能讓你感到幸福的衣服，感到「怦然心動」，請大大方方地將它留下來。

懷抱感謝的心情將「不心動的物品」放入垃圾袋，按照居住地區的規定丟棄，或是捐出去、賣給二手衣店，選擇自己喜歡的方式處理。

當你漸漸從過季上衣掌握心動的判斷標準，再依相同方式整理當季上衣。



★ **一件不剩地全部集中在同一處。**

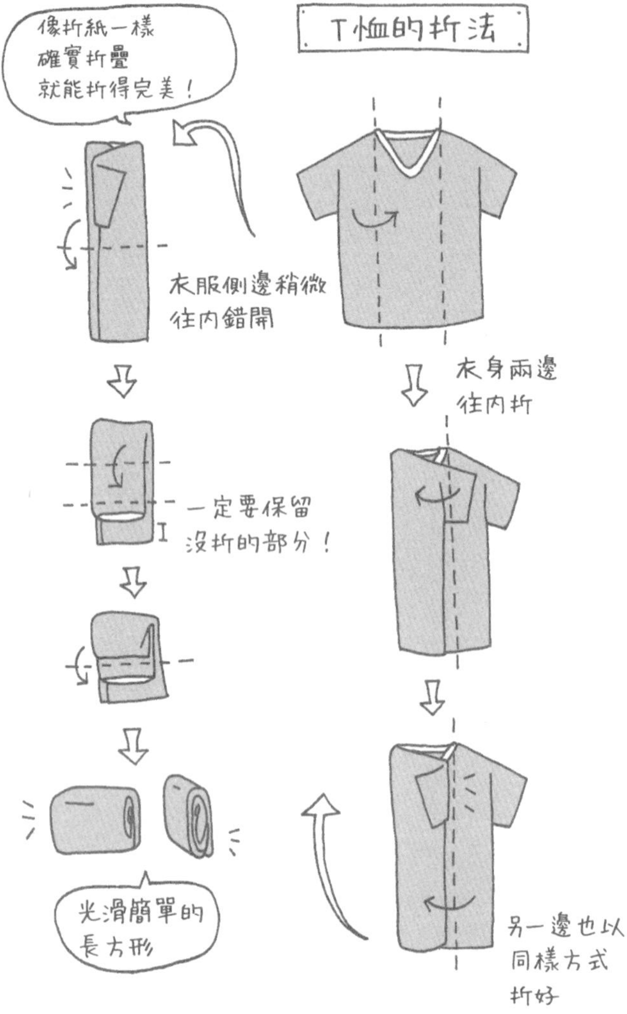
T恤的折法
衣身兩邊
往內折
另一邊也以
同樣方式
折好
衣服側邊稍微
往內錯開
像折紙一樣
確實折疊
就能折得完美！
一定要保留
沒折的部分！
光滑簡單的
長方形

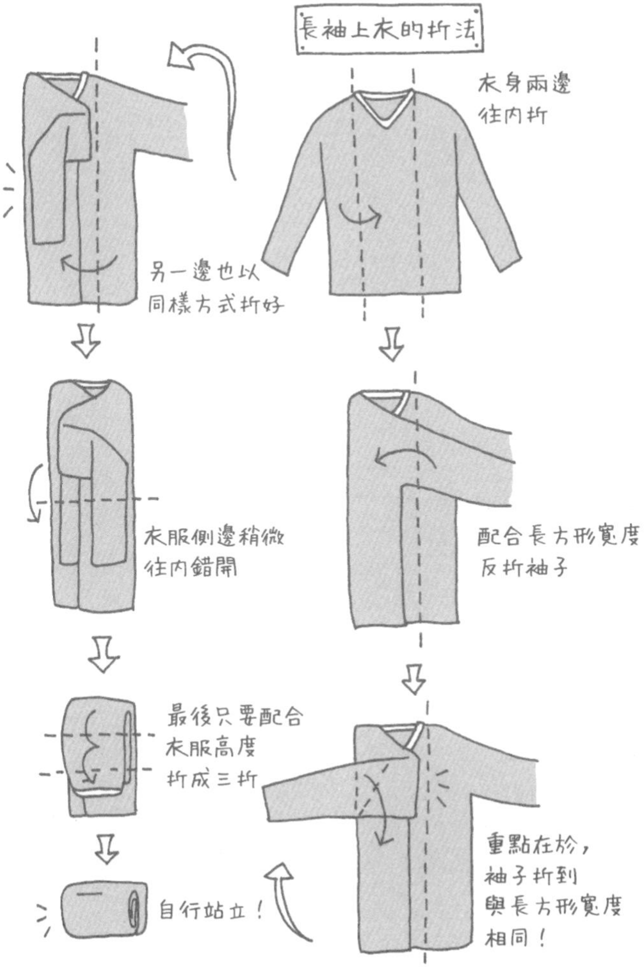
長袖上衣的折法
衣身兩邊
往內折
配合長方形寬度
反折袖子
重點在於，
袖子折到
與長方形寬度
相同！
另一邊也以
同樣方式折好
衣服側邊稍微
往內錯開
最後只要配合
衣服高度
折成三折
自行站立！

# 細肩帶背心的折法

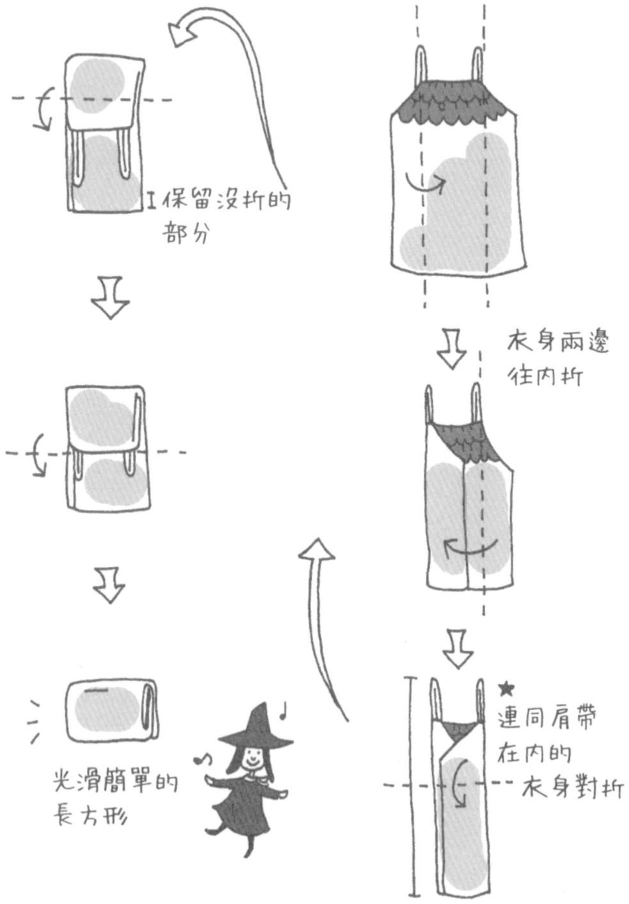
衣身兩邊往內折
★連同肩帶在內的衣身對折
保留沒折的部分
光滑簡單的長方形

## 連帽外套的折法

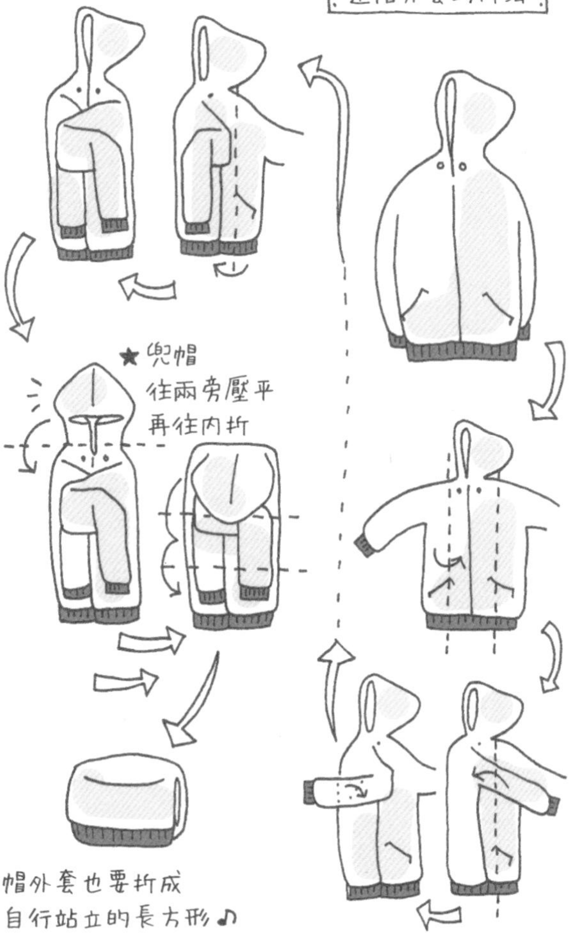
★兜帽
往兩旁壓平
再往內折

連帽外套也要折成
可自行站立的長方形♪

## 8 整理下半身單品

下半身單品無須像上衣一樣分季，按照裙子、褲子、牛仔褲等單品類別揀選即可。

相信很多人將衣服集中起來，才發現自己買的全都是白色裙子或牛仔褲，若同類型商品很多，不知道該留該捨，不妨實際穿著比較，冷靜思考每件單品的穿著頻率。好幾年沒穿過的衣服，這輩子也不可能再穿了。

牛仔褲等棉質褲子可以折疊，西裝褲或褲管中央有折線、材質較好的褲款，基本上應採取「吊掛收納」。

掛裙子時，一個裙架掛兩件裙子（最好選擇顏色或形狀近似者）即可節省收納空間。

下半身單品是雕塑下半身線條的關鍵，請務必揀選令你心動的款式。

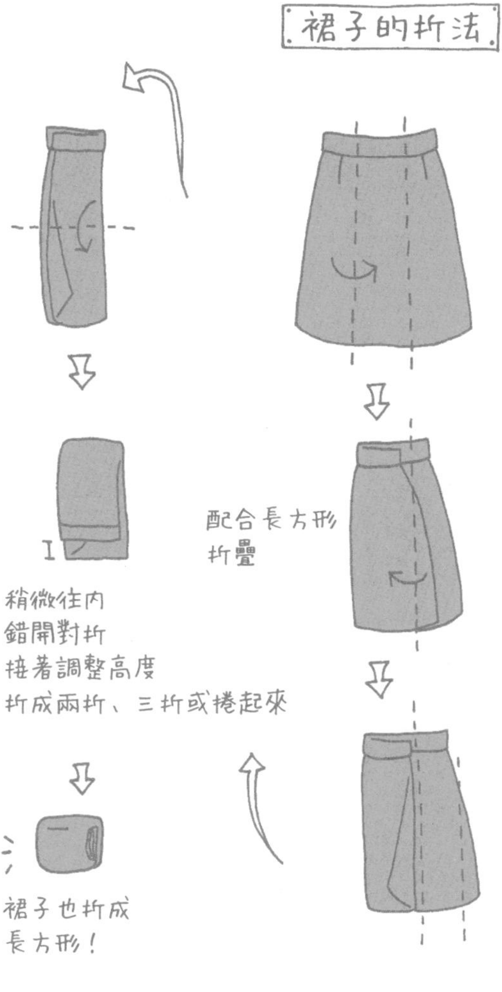
裙子的折法
配合長方形
折疊
稍微往內
錯開對折
接著調整高度
折成兩折、三折或捲起來
裙子也折成
長方形！

★ **幾年沒穿過的衣服，一輩子都不可能再穿。**

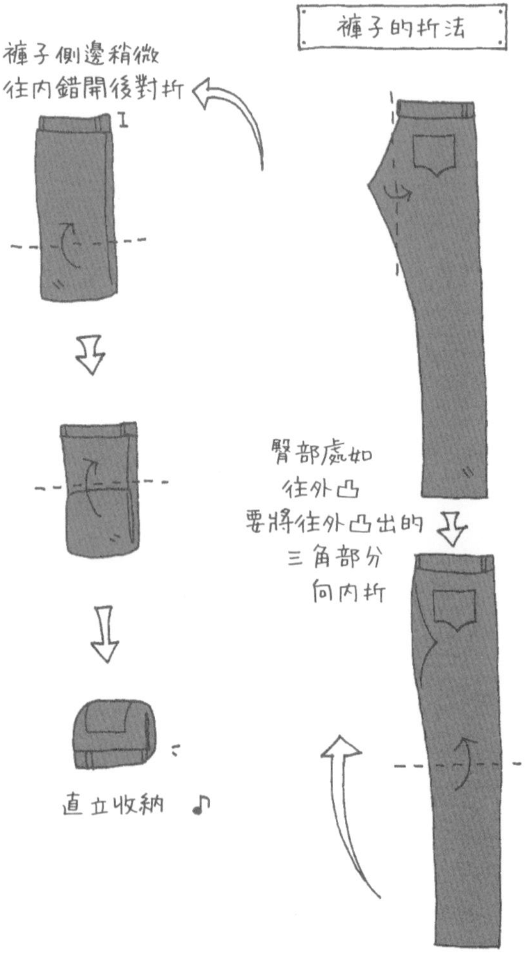
褲子的折法
臀部處如
往外凸
要將往外凸出的
三角部分
向內折
褲子側邊稍微
往內錯開後對折
直立收納

## 短褲的折法

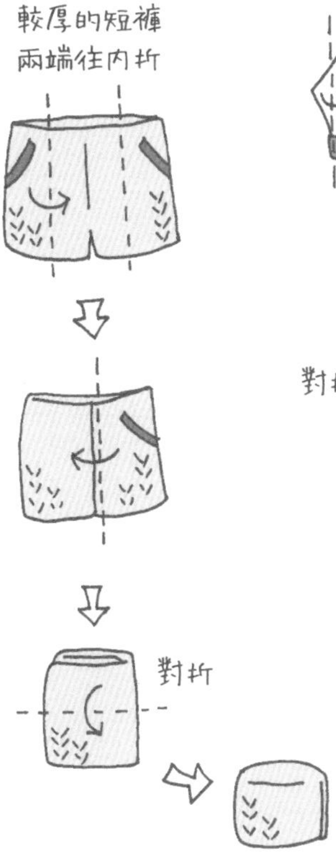
較厚的短褲
兩端往內折
對折

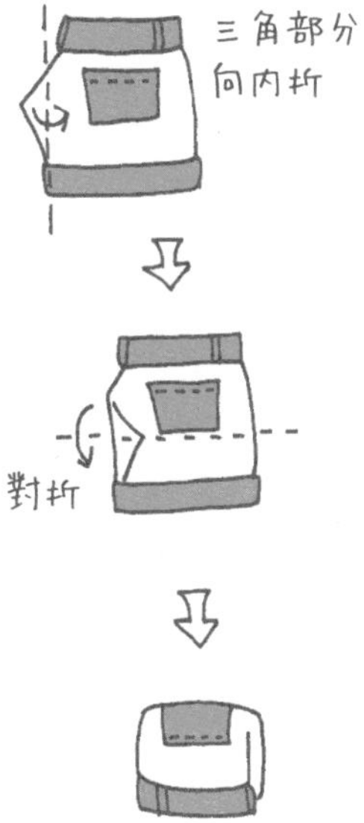
三角部分
向內折
對折

## 9 整理連身洋裝

連身洋裝是女性特有的衣服款式。

說到這個，我想起以前有一名衣櫃裡塞滿連身洋裝，自稱「連身洋裝女王」的客戶說過她的連身洋裝理論。根據她的說法，「連身洋裝是女人的戰服。」不只適合約會，可以穿去上班，休閒時也很實穿。連身洋裝在任何場合都能獲得別人的信賴與好感，可說是萬能裝備，而且「攻擊力與防禦力都屬於最高等級。」姑且不論她的論述爲何充滿男性口吻，事實上，她不僅與老外丈夫感情融洽，工作表現也很傑出。她認爲「女性一穿上連身洋裝就顯得自信十足，生命力與運氣都會提升。」從這一點來看，她的話眞的很有說服力。

收納連身洋裝時，基本上以「吊掛收納」爲主，看起來才會讓人心動，但遇到需要折疊的情形時，不妨參考左圖。

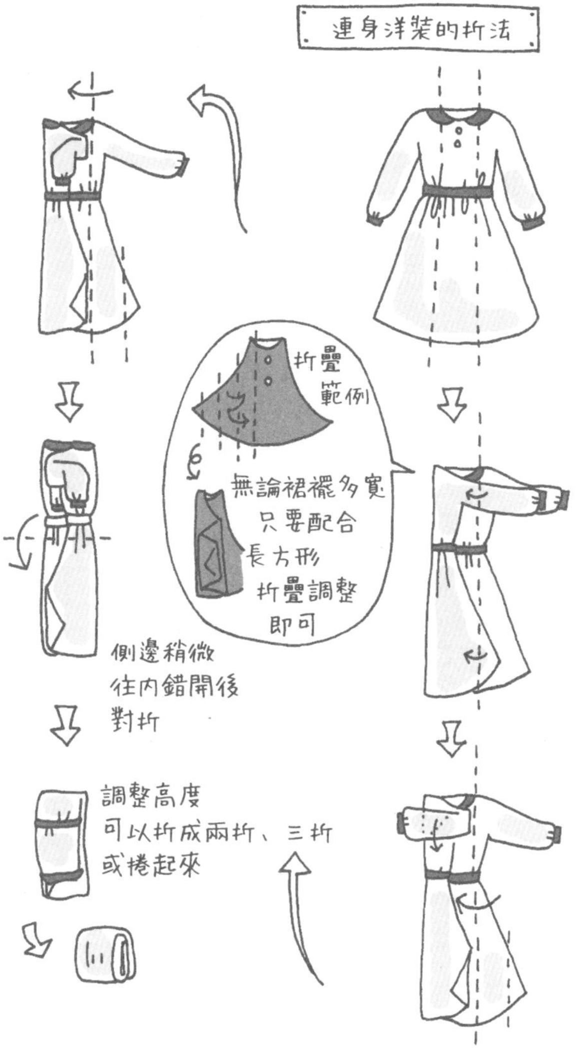

連身洋裝的折法
折疊
範例
無論裙襬多寬
只要配合
長方形
折疊調整
即可
側邊稍微
往內錯開後
對折
調整高度
可以折成兩折、三折
或捲起來

**★ 連身洋裝的攻擊力與防禦力，都屬於最高等級。**

## 10 整理吊掛收納的衣服

外套、西裝、大衣等厚重衣物必須「吊掛收納」，掛在衣架上。以輕盈飄逸的材質製成的襯衫、連身洋裝、裙子、褲子等不易折疊或一折疊就會皺的單品，也要吊掛收納。

這些衣服中也包含價格不斐的單品，這類單品很容易因爲「價格昂貴」而捨不得丟，這個時候更應該徹底實踐「心動選擇法」。

觸摸時不心動，卻又捨不得丟。遇到這種情形，不妨實際穿穿看。站在鏡子前，冷靜思考自己：「現在是否想穿它出門？」

「吊掛收納」的重點在於往右上方排列。按大衣、西裝、外套等類別，將同一類的衣服掛在一起。

「吊掛收納」要往右上方排列

★ **穿上衣服，站在鏡子前，**
**冷靜思考現在是否想穿這件衣服出門？**

# ⑪ 整理襪子與絲襪

不只平常穿的襪子，吊牌與包裝還沒拆的備用品也要全部集中起來。

若數量很多，請按襪子、絲襪、褲襪、內搭褲等分類揀選。破洞、嚴重起毛球這類穿著時還要考慮再三的襪子，只會讓自己美好的一天頓失光采。

雙腳是感受自己全身重量，用盡全力支撐我們的部位，襪子則是用來包覆重要雙腳的物品。尤其是在家穿的居家襪，是連結自己與家的物品，更需要特別重視。因此，請留下穿上時讓我們在家裡過得輕鬆愉快的襪子。襪子與絲襪絕對不可以翻過來捲成一團或綁起來，這種收納方式只會讓「它們」顯得悲慘，從今天起請改掉這個習慣。

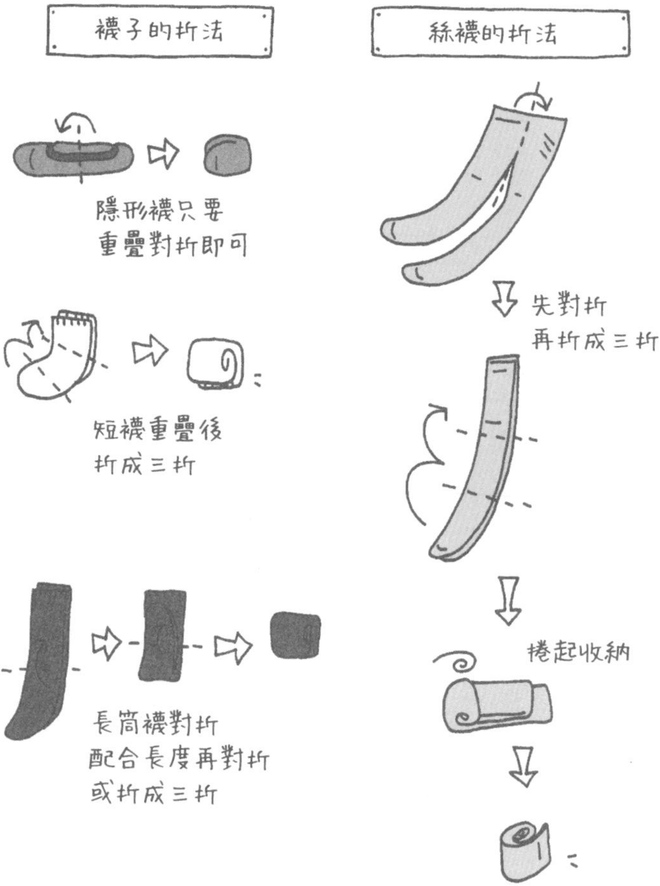
襪子的折法
隱形襪只要
重疊對折即可
短襪重疊後
折成三折
長筒襪對折
配合長度再對折
或折成三折
絲襪的折法
先對折
再折成三折
捲起收納

**★ 居家襪一定要選擇令自己心動的物品。**

## 12 整理內衣類單品

除了胸罩、內褲之外，保暖用的腹圍、馬甲、襯裙等衣物也屬於這個類別。

坦白說，在我的經驗中，「整理完畢後客戶會立刻添購的衣物」，第一名就是內衣！雖然從外表看不見，卻是直接接觸身體的衣物，因此在揀選內衣時只能留下最讓自己怦然心動的物品。即使是實用型內衣，只要穿起來「暖和」或「舒適」，令人感到幸福，這類物品即可當成「心動物品」留下來。

在所有內衣類別裡，胸罩的地位最特殊。請尊稱它為「Bra 女王」，慎重挑選。收納時最重要的原則，就是要「給女王VIP級的待遇」。當女性重視自己的胸罩，學會如何款待「Bra 女王」，自然就能珍惜其他物品。

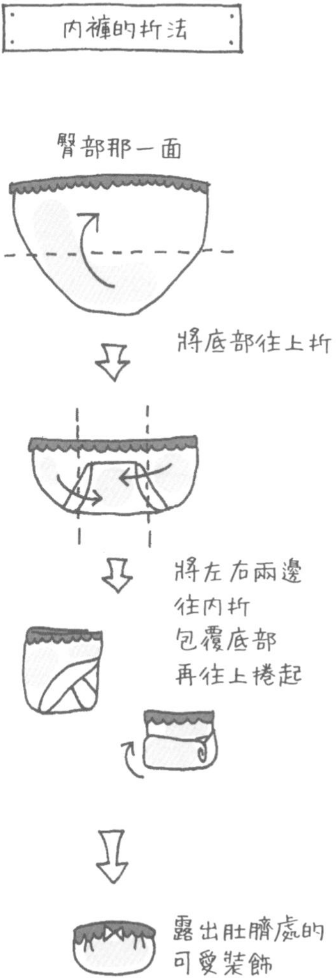
內褲的折法
臀部那一面
將底部往上折
將左右兩邊
往內折
包覆底部
再往上捲起
露出肚臍處的
可愛裝飾

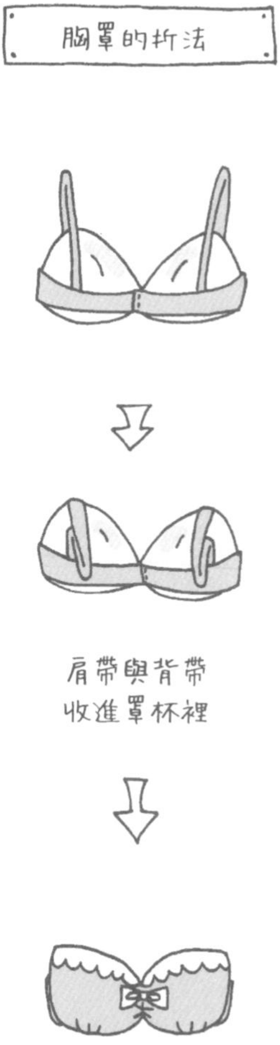
胸罩的折法
肩帶與背帶
收進罩杯裡

**★「Bra女王」的地位特殊，一定要特別尊崇。**

## 13 要以VIP等級來收納內衣褲

收納ＶＩＰ級的「Bra女王」時，一定要注重外觀的美感。不可以擠壓罩杯，並按顏色深淺排列。

內褲的折法如前頁圖示說明，T字褲等幾乎沒有布料的內褲也要以同樣方式折起。不過，若是輕薄到只有線的性感內褲，即使折好也無法站立，不妨收在另一個小盒子裡，或塞在其他內褲之間，使其確實站立。其他內衣則跟衣服一樣直立收納，連身襯裙等柔軟衣物折好也無法站立，建議捲起來並排放整齊即可。

話說回來，最近到客戶家上整理課時，看到有些客戶習慣穿女性用兜襠布。雖然我自己沒穿過，不過那些客戶都強烈推薦我穿。兜襠布是一塊四方形布料，其最大的魅力就是好折又好收。

## 內褲的收納法

★
剛好
可收在
面紙盒裡 ♪

將內褲
收在盒子裡時
前方為淺色系
後方為深色系

## 胸罩的收納法

★
淺色系↑深色系

像在店裡展示一樣
不要擠壓罩杯
給予 VIP 待遇
排列收納「Bra女王」



★ **「一個人對待內衣的方式，等同於對待自己的方式。」**

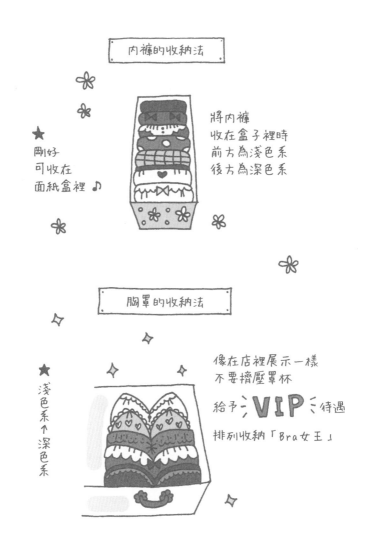

## 14 櫃子抽屜的收納祕訣

折好的衣服，請按類別直立收納在抽屜裡。重點在於按顏色深淺排列。這個做法不僅一眼就看到哪件衣服放在哪裡，還能掌握手邊衣服的顏色屬性。

基本上深色系放後方、淺色系放前方，收納時想像怦然心動的感覺從抽屜後方輕快地往前流瀉出來，一打開就能充分體會心跳的感覺。

使用櫃子收納衣物時，下層抽屜放厚重衣物，愈往上層衣物愈輕薄。簡單來說，下半身單品和冬季針織衫放在下層，T恤等衣物放在上層。爲了表示尊敬，「Bra 女王」要放在上層抽屜。

若抽屜太深，導致上方空間空出來時，不妨將一個抽屜隔成上下兩層，也是很棒的收納巧思。準備一個較淺的收納盒，放入折好的衣服。先在抽屜下層放入另一些折好的衣服，再將淺盒放在衣服上即可。

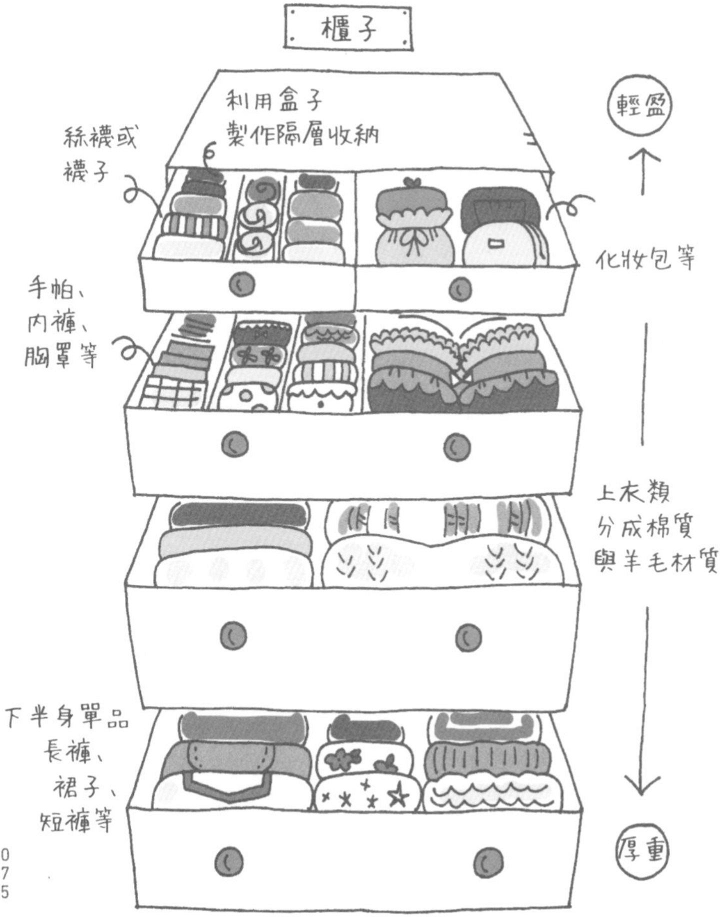




★ **按顏色深淺排列收納，**
**深色系放在後方、淺色系放在前方。**

15

# 衣櫥的收納祕訣

家裡若有衣櫥，可以減輕不少收納衣服的麻煩。

先將吊掛收納的衣服掛在吊桿上，放不下的衣服若能折疊，請盡量折疊，即可節省收納空間。

接著在吊桿下方放入抽屜式收納箱。裡面除了收納折好的衣服或配件之外，可視需求收納飾品或每天隨身攜帶的物品，凡是這類小東西都能收在這裡。

上方櫥櫃固定收納包包、帽子、過季配件或紀念品。如果是全家人共用一個衣櫥，則要明確畫分出「每個人的專用區域」。

若衣櫥還有多餘空間，不妨將原本擺在外面的收納櫃或透明收納箱放進去。若剛搬家且新家沒有可以放衣服的抽屜櫃，在確認完所有衣服的心動度，掌握留下的衣服數量之後，即可按照需求添購收納家具。

★ **全家人共用時，要明確畫分出「每個人的專用區域」。**

## 16 棉被壁櫥的收納祕訣

充分發揮棉被壁櫥的寬敞空間，是成功運用壁櫥收納的祕訣。

若將棉被壁櫥當成衣櫥使用，請務必選擇符合壁櫥深度的長方形抽屜式收納箱，收納折好的衣物。

吊掛收納請務必使用吊桿式掛衣架。若家中沒有吊桿式掛衣架，必須另外添購，那麼選擇獨立式掛衣架會比伸縮桿實用。假如只有伸縮桿，請在兩端放上木板條支撐，避免衣服重量使伸縮桿掉下來。

除了棉被之外，較占空間的季節家電（電風扇等）都要收在棉被壁櫥裡。棉被要放在上層避免潮濕，電風扇等季節家電與抽屜等重量較重的物品放在下層。靠近天花板的櫥櫃則收納女兒節雛偶、個人興趣休閒用品等，唯有某些季節或特殊場合才會使用的物品。

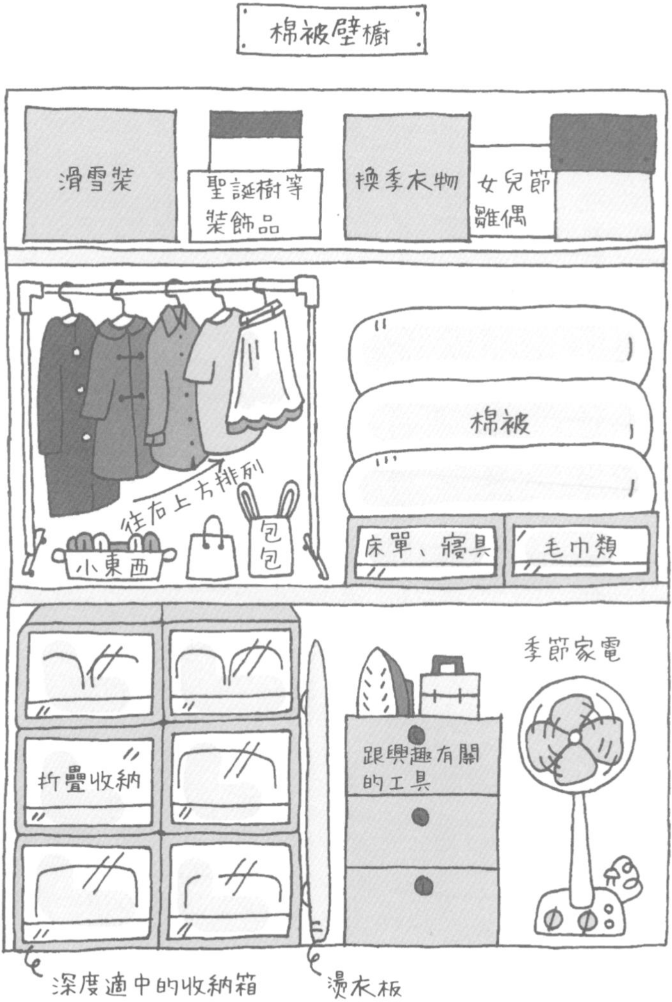


**★ 棉被壁櫥的寬敞空間，有奇蹟般的收納力。**

# 17 整理包包

請將包包視為與衣服同一類別的物品整理，因為包包也是收納在衣櫥裡的東西。

過去常用的包包已經用到脫線，於是買了一個款式幾乎相同的新包包，現在每天都用新包包，卻也沒丟掉舊包包，就這樣放在櫃子深處。你是否也有同樣經驗？通常這種事會發生在家裡包包很多的人身上，明明買了許多包包，卻一直覺得能用的包包總是少一個。

平時若不注意包包的世代交替，就會在不知不覺間堆出一座「不用的包包山」，重要包包也會深埋其中，不見天日（我以前就是這樣……）。

揀選完畢、決定好要留下的包包之後，不妨使用「包中有包」的絕妙收納術，將包包收在另一個包包裡。可以折疊的環保購物袋，則先折疊再收納。

## 環保購物袋 塑膠包包的折法

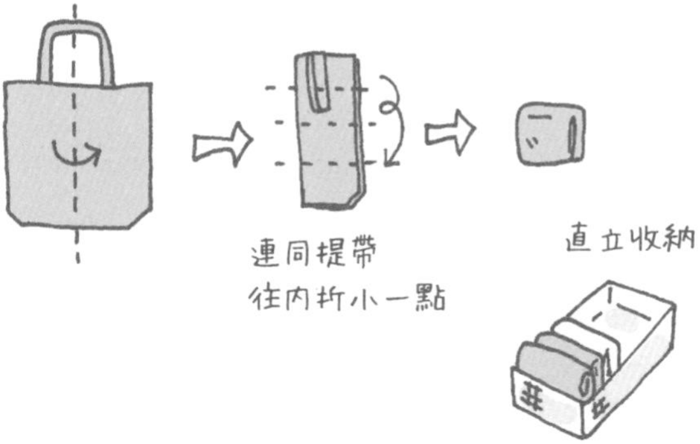
連同提帶
往內折小一點
直立收納

## 「包中有包」收納術

外形相同、
用途相近的
包包們
相互支撐
一個包包裡
最好只收納
一個包包

**★ 若不注意包包的世代交替，**
**重要包包就會深埋在櫃子深處。**

## 18 整理衣物配件類單品

這類物品包括圍巾、皮帶、帽子、手套，以及拆下的大衣裝飾皮草、原本別在裙子上而現在分開收納的可拆式蝴蝶結等，這類跟衣服有關的各種小東西，我統稱爲衣物配件。

有時候會找到已經丟掉的衣服留下來的配件，或根本搞不清楚屬於哪件大衣的裝飾皮草，這種時候若認爲「還可以再利用」而留下來，這是很危險的行爲。

「還可以再利用這件事，永遠不可能發生」，請抱持這樣的想法，瀟灑地放手吧！

決定留下來的配件，例如圍巾、針織帽等可以折疊的物品，請折疊起來，不能折疊的零碎配件，則收在以小盒子隔成好幾個小空格的抽屜裡，就能收得乾乾淨淨。



★「還可以再利用」這件事，永遠不可能發生。

19

# 整理特殊場合穿的衣服

特殊場合穿的衣服包括泳裝、浴衣、滑雪裝、舞蹈發表會穿的服裝、尾牙穿的禮服等。

這些大多是平時極少穿著的衣服，只要留下令自己心動的物品即可。就算是別人看到會在背後指指點點，認爲「根本沒機會穿」的衣服，只要是能讓自己心動的物品，大大方方地留下來就對了！

原因很簡單，心動的標準在於你自己，與他人無關。

收納時無須細分類別，以「特殊場合衣服」的大分類收在一起，即可簡化收納作業。

「因爲心動而捨不得丟，但也無法穿出門」的衣服（例如角色扮演的服裝），不妨當成家居服穿。



★ **心動的標準在於你自己，與他人無關。**

## 20 鞋子的整理與收納法

麻理惠整理魔法將鞋子納入衣服類別中，因此會在初期完成「怦然心動度」的確認作業。除了放在玄關的鞋子之外，家中各個角落的鞋子都要集中起來，在地板鋪上報紙，將鞋子一雙雙放在報紙上。

按不同類別，例如拖鞋、球鞋、靴子、出席婚喪喜慶場合穿的鞋子等分開排列，自己擁有哪些鞋款就能一目了然。

重複同樣方法將鞋子一雙一雙拿在手裡，確認自己是否心動。不過，若發現鞋子不合自己的腳或穿起來會痛，請務必當場丟掉。

鞋子對男女來說都很重要。日本有句俗諺是「足もとを見られる」，意指被他人看出弱點。換句話說，別人只要看你腳上穿的鞋子，就能看出你的弱點。當你穿上令自己心動的鞋子，這雙鞋絕對會帶你走向怦然心動的未來。從這個角度思考，會讓人生更有趣。

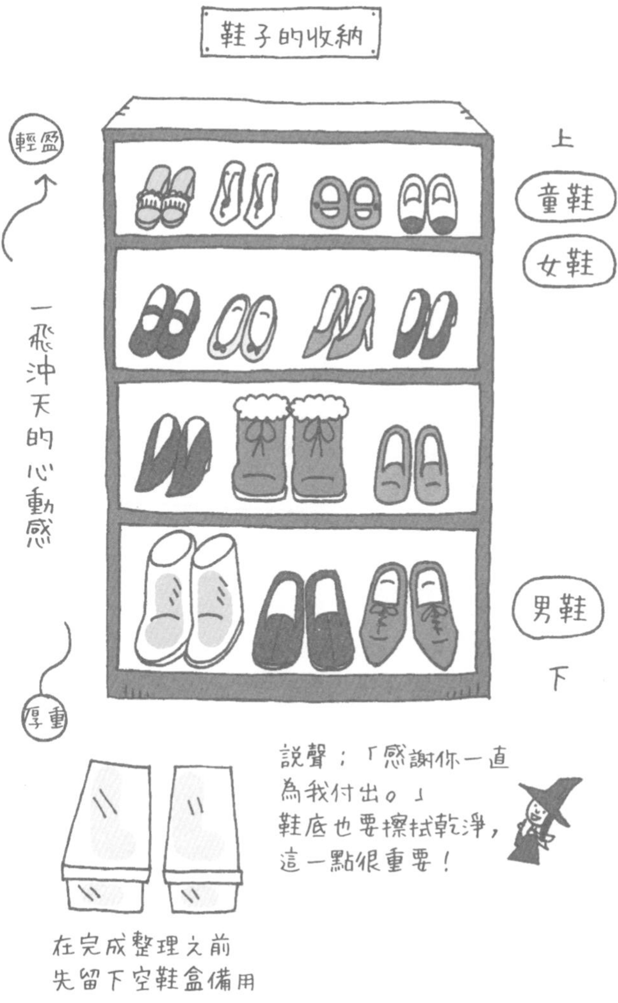
鞋子的收納
輕盈
一飛沖天的心動感
厚重
上
童鞋
女鞋
男鞋
下
說聲：「感謝你一直
為我付出。」
鞋底也要擦拭乾淨，
這一點很重要！
在完成整理之前
先留下空鞋盒備用

**★ 讓自己心動的鞋子，會帶你走向怦然心動的未來。**

## 21 旅行・出差的行李打包祕訣

旅行或出差時攜帶的行李箱，也要按收納的基本概念打包衣物。按原本的方式折疊衣服，再直立收納。

內褲等瑣碎的小東西，就用裡面有許多夾層設計的旅行用收納袋整合，化妝水等保養品分裝在小瓶罐裡，盡可能減少物品體積。

即使打包行李，我也會給予「Bra 女王」VIP待遇。使用「Bra 女王」專用束口袋，避免擠壓罩杯，放在行李箱最上層。

不瞞各位，每次旅行或出差時，我喜歡打包遠勝於回家後整理行李。每次一回到家，我將行李箱裡的衣物全部拿出來，該洗的衣服放入洗衣機，所有物品回歸定位，行李箱的外表與輪子全部擦得一乾二淨。

而且上述動作要在回家的三十分鐘內做完。重點在於，我把自己當成全自動整理行李機器人，以最快的速度俐落地完成作業。

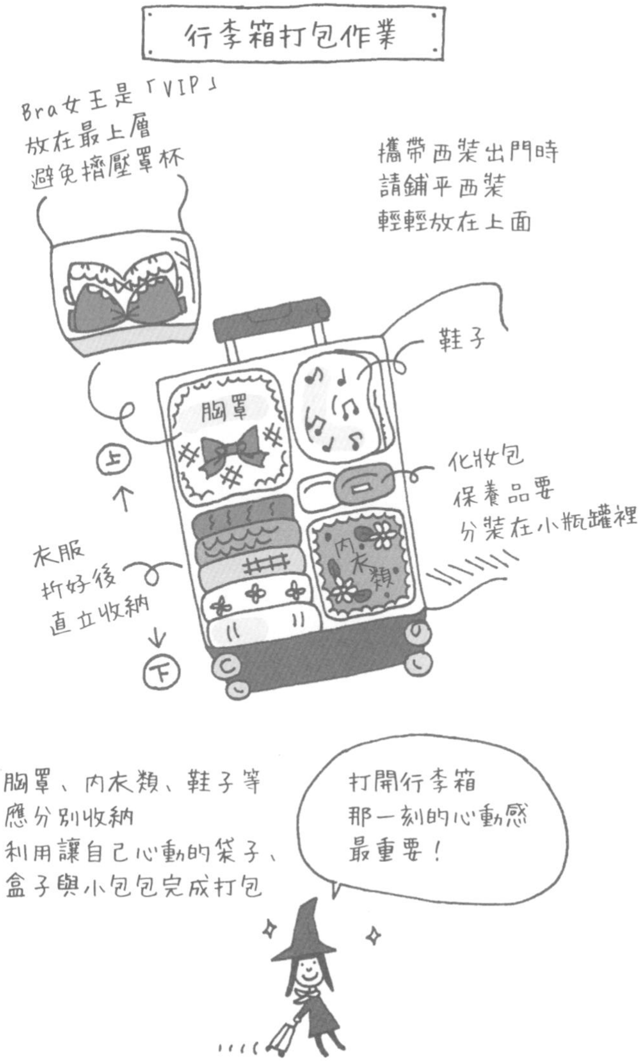
行李箱打包作業
Bra女王是「VIP」
放在最上層
避免擠壓罩杯
攜帶西裝出門時
請鋪平西裝
輕輕放在上面
鞋子
胸罩
化妝包
保養品要
分裝在小瓶罐裡
上
衣服
折好後
直立收納
內衣類
下
胸罩、內衣類、鞋子等
應分別收納
利用讓自己心動的袋子、
盒子與小包包完成打包
打開行李箱
那一刻的心動感
最重要！

**★ 利用小包包和分裝瓶罐減少體積。**

column

## 如何處理家人的衣服？

與家人一起生活的讀者最常問我：「請問我應該在什麼時候整理家人的衣服？」

整理的基本原則就是「先專心整理完畢自己的物品」，這是最大前提。不過，徹底整理完自己的衣服之後，可以在這個階段幫忙整理孩子或先生（太太）的衣服。

唯一要注意的是，必須由當事者自行判斷每件衣服是否讓自己心動，決定要留下哪些衣服。根據之前上整理課的經驗，三歲以上的孩子大多可以自行揀選讓自己心動的物品。

遇到不想丟東西的家人，不妨教他如何折衣服，將橫放收納改成直立收納，一個小改變就能讓收納空間看起來清爽整潔，有助於提升當事者的整理意願。話說回來，千萬不能因為家人不想整理，就擅自丟掉他的物品（我以前就是這樣）。

整理最重要的不是「要丟掉什麼東西？」
而是你想在什麼物品的圍繞下生活？
有鑑於此，請從符合未來人生需求的角度
決定要「留下哪些物品」。

# 第三章

# 這樣整理，打造怦然心動的書架

## 22 寫給「唯獨書就是沒辦法丟」的你

假如你一直認爲「唯獨書就是沒辦法丟」而逃避整理書籍，那眞的錯失了大好機會。因爲整理書籍是提升你的怦然心動感受度與行動力的最佳契機。

沒辦法丟書的最大原因，就是「說不定還會再看」。事實上，現在無法令你心動的書，日後再讀的機率微乎其微。我們讀書，是在追求閱讀的經驗。讀過一次的書，就是「已經體驗過了」。就算沒有牢記內容，全部的內容應該已經都進入你的內在。

那些你每次一看到就認眞思考「有一天我一定要好好拜讀」、長期閒置在書架上的學習用書，請立刻全部丟掉！

無論是擺脫了閱讀義務而感到輕鬆自在，或開始急著買新書努力學習，唯有把書丟了以後，才能釐清自己爲什麼樣的書籍心動，積極展開下一步行動。

此外，讀到一半或還沒開始讀的書，這類「打算將來有一天會看」而束之高閣的書，那個「有一天」永遠都不會來。所以，還沒看的書也要全部丟掉。

話說回來，那些自己很珍惜、已經「進入名人堂」的書，以及對現在的自己很重要的心動書籍，當然可以大大方方地留下來。

當你只留下讓自己心動的書，接收到的資訊品質會產生顯著的改變。你會明顯感受到丟掉多少書就能吸收多少新資訊的充實感，相信「你需要的資訊會在必要時機到來」。

當你擁有一堆書，卻無法好好運用書中資訊，代表你屬於「受到資訊驅使而採取行動」的人。

整理書籍是一個耗費體力與時間的作業過程，但會帶來出乎意料的效果。建議各位一定要趁這次機會，好好完成書籍整理。



**★ 打算「將來有一天會看」的書，**
**那個「有一天」永遠都不會到來。**

## 23 將所有書堆在地上

整理書籍的方法和衣服一樣，請先將書架上自己的書一本不剩地拿下來，堆在地上。接著一本一本拿在手裡，選出令自己心動的書。千萬不要因爲「這麼做很麻煩」，而直接在書架上選書。

書原封不動地收在書架上，其實是在「睡覺」。在這種狀態下觸摸書，會無法用是否心動的判斷來做出選擇。當書從書架拿下來，只要觸摸即可判斷是否心動。重點在於，絕對不要閱讀書中的內容。

此外，之前爲了帶出門閱讀而將書衣反過來包覆的書，是否還沒有恢復原狀？就算這些書會讓你心動，反套的書衣很容易讓你忘記它的存在。不妨趁著這個機會恢復原狀，完成一看就讓自己心動的書架。

假如書籍數量龐大，無法一次揀選完畢，請分成一般書籍、實用書、觀賞用、雜誌等類別，再按這樣的分類，一一判斷自己是否心動。

## 將書架上所有的書拿下來，堆在地上

書放在書架上的
狀態，無法判斷
自己是否心動！
觸摸到時
是否感到心動
書籍大致
可分四類
①一般書籍
（通俗讀物）
②實用書
（參考書、
食譜等）
③觀賞用
（寫真集等）
④雜誌

**★ 千萬不要直接在書架上判斷對書籍的心動程度。**

## 24 一口氣整理所有漫畫的祕訣

通常整理漫畫時，會將其歸類於一般書籍，假如數量較多，可以另闢類別整理。

一般來說，每套漫畫都有好幾集，無須一集一集拿在手裡觸摸。將漫畫一套一套地堆起來，再抱著整套漫畫，或拿起放在最上面的集數觸摸，依自己喜歡的方法判斷是否心動。由於漫畫是最容易一翻閱就停不下來的書籍類別，因此絕對不要翻開閱讀，徹底實踐「觸摸時是否感到心動」的選擇方法。

每次上整理課時，若不小心提起客戶擁有的漫畫，結果都相當慘烈。因爲他們不只會興高采烈地談論該部作品的魅力，話匣子一開，還可能說上幾十分鐘……

跟各位分享一件有趣的事，在過去我所接觸過的客戶中，獲選爲「心動度最高的名人堂漫畫」第一名，是某套籃球漫畫。

## 漫畫的整理重點

緊緊擁抱
整套漫畫
好好觸摸
判斷怦然心動
感受度
將其中一本
拿在手裡觸摸
將同一套漫畫
疊起來
最容易一翻閱
就停不下來
絕對不要閱讀
書中的內容
集中精神感受
觸摸時
是否感到心動！

**★ 一旦打開閱讀，就會永遠整理不完。**

## 25

# 視覺系書籍與雜誌的整理祕訣

除了雜誌和寫眞集之外，目錄、美術展圖鑑、會員俱樂部的會刊等，這類「以欣賞爲主要閱讀樂趣」的書籍，都屬於這個類別。

首先來看絕對不可能丟棄、毫不猶豫就能斷言「我好心動！」的書。這種所謂已經「進入名人堂」的書，當然可以毫不猶豫地留下來。說到有「時效性」的書籍，雜誌是最具代表性的類別。若固定購買的雜誌總是在不知不覺間愈積愈多，此時不妨決定只留下幾本，其他全部丟掉。

如果只對書中的部分照片或文章心動，可以剪下令自己心動的內容。這些剪報無須立刻歸檔整理，暫時收在透明文件夾裡即可。雜誌剪報最容易發生日後翻閱時「想不起當初爲什麼剪下來」的窘境，因此整理文件時，請務必一起整理。

## 假如遇到想要留下來的照片或文章

只剪下讓自己心動
的內容
不要的部分
全部丟掉
簡報無須立刻
歸檔整理，
暫時收在
透明文件夾裡
即可！
整理文件時
請再次確認
剪報的心動度

**★ 無論別人說什麼，進入名人堂的書請全部留下來。**

## 26 將書收納得整潔美觀的祕訣

書籍的收納場所包括書架、組合式收納櫃（可放入棉被壁櫥或衣櫥）、儲藏室、鞋櫃（大多發生於一個人住的情形）等。收納的基本原則是「不要分散收納場所」，但有些只在特定場合用的書可以分開收納，例如將食譜收在廚房裡。此外，拿掉書腰是進一步提升心動程度的小祕訣。由於書腰充滿廣告和文字資訊，無法讓人感到心動，拿掉書腰可讓書架變得更清爽，效果眞的很好。不過，如果有讓你心動的書腰，不拿下來也沒關係。

整理完書籍之後，若覺得留下來的書還是太多，也無須太過擔心。怦然心動感受度會在整理過程中變得愈來愈敏銳，日後發現已經完成使命的書，再一一丟掉即可。

話說回來，留下許多讓自己心動的書，是一件幸福的事。請務必好好珍惜，這才是最重要的態度。

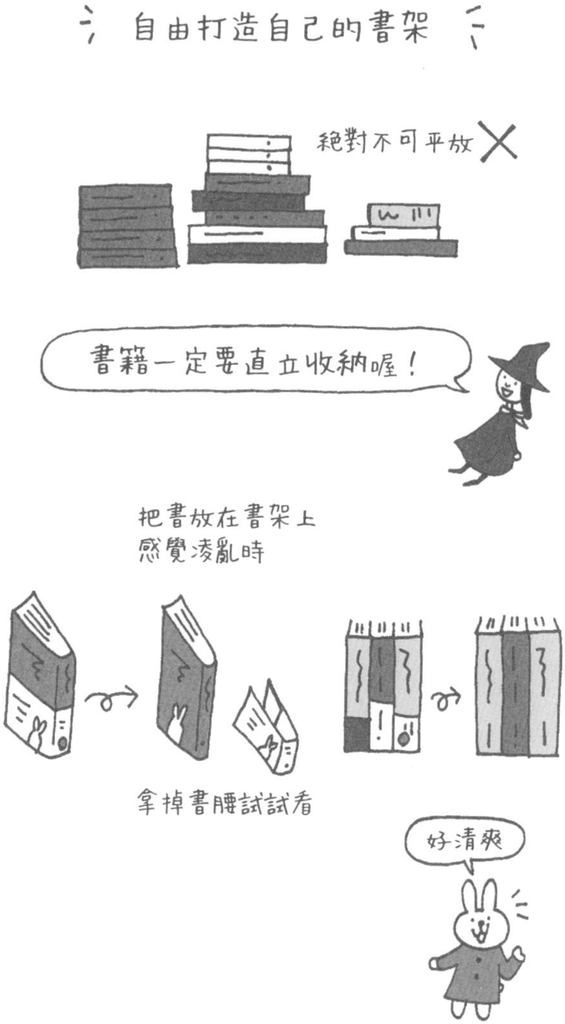
自由打造自己的書架
絕對不可平放
書籍一定要直立收納喔！
把書放在書架上
感覺凌亂時
拿掉書腰試試看
好清爽

**★ 拿掉書腰即可打造怦然心動的書架。**

column

## 書架上有什麼書，你就會成為什麼樣的人

完成書籍整理後，請環顧一下書架的模樣。印在書背上的書名，大多是哪一類的詞彙？

假設你想在今年內結婚，書架上的書卻是《單身者的○○》；或者你希望每天都過得多采多姿、怦然心動，留下來的卻全是一看書名就知道是悲劇的小說，那麼你一定要特別注意。

書名和書中文字帶有十分強烈的力量。

有句話說「語言創造現實」。這句話的意思是，我們每天看到、接觸到的文字，會吸引相同性質的事情發生。換句話說，「書架上有什麼書，你就會成為什麼樣的人。」

不妨想像一下這樣的情形，假設你已經成為理想中的自己，那麼你家裡的書架上，應該放什麼樣的書？從這個觀點揀選留下來的書，說不定可以改變接下來的人生發展。

愈不擅長整理，
看到家中一團混亂
卻束手無策的人，
愈能感受到整理前後的戲劇性變化。

現在在你家裡的物品，
都是基於某個原因才來到你身邊。
所有物品
都想為你付出。

# 第四章

# 這樣整理，打造怦然心動的文件區

# 27 基本上文件要「全部丟掉」

整理文件的方法和衣服、書籍一樣，請先將家中所有屬於自己的文件集中在一起。整理文件的基本原則，就是「全部丟掉」。

話雖如此，我們不可能眞的完全不留任何文件，因此，必須以「全部丟掉」爲前提，揀選要留下來的文件。雖然一張文件很輕薄，但日積月累下來也會占掉很大的收納空間，假如不以全部丟掉爲前提，將無法減少文件數量。

只留下「現在正在使用」「近期內都會需要」「需要一直保管」等用途明確的文件，不符合這三項條件的就全部丟掉。

重點在於，所有文件都要一張一張確認。原本裝在信封裡的重要文件，也很可能參雜廣告等多餘資料，因此一定要取出文件確認。

整理文件容易讓人感到頭痛，不過別擔心。偶爾起身喝喝水，冷靜地按照分類完成整理吧。

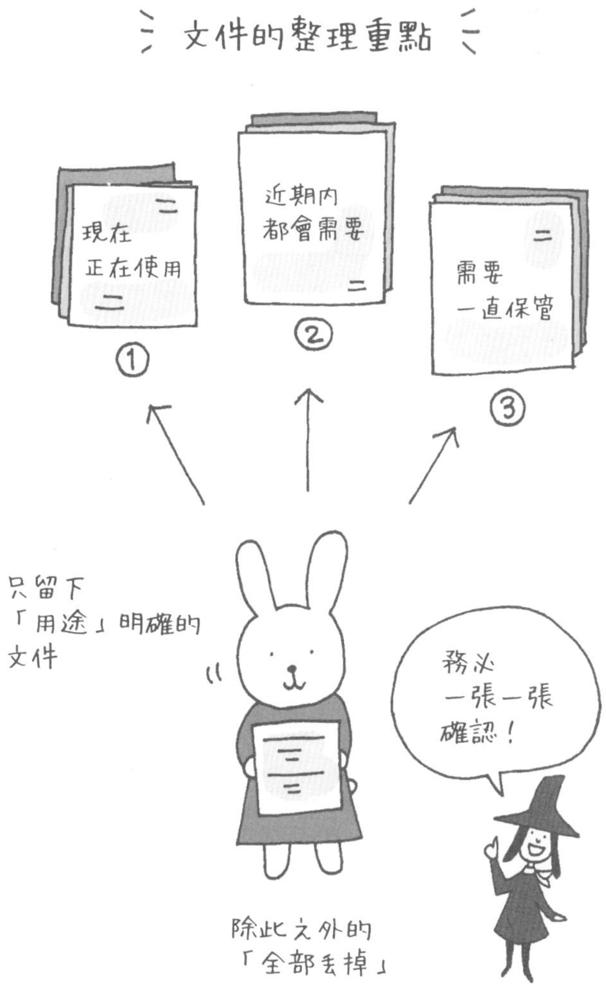
文件的整理重點
現在
正在使用
①
近期內
都會需要
②
需要
一直保管
③
只留下
「用途」明確的
文件
務必
一張一張
確認！
除此之外的
「全部丟掉」



★ **只留下「用途」明確的文件。**

## 28 以一個收納盒當成文件的待辦專區

整理文件時一定要準備一項工具，那就是暫時存放未處理文件的「待辦專區」。

例如必須回覆的信件、預計匯款的請款單等，這類必須親自處理的文件，就先放在待辦專區，繼續完成文件的整理。

唯一要注意的是，只要一個動作就能完成確認的事，像是「確認信封內容」「看過即可丟掉的宣傳文件」，最好當場完成，立刻丟掉。累積太多待辦文件，會讓人日後再也不想處理。

通常建議使用可以把文件直立放入的直立型收納盒，若有合適的空盒也無妨。假如待辦文件較少，使用透明資料夾也是很好的方法。

此外，全家人一起展開「整理節慶」時，原則上應按所有人分類，「每個人都要有一個自己的待辦專區」。

## 整理文件時
## 一定要準備的工具

設一個
待辦專區！
先將必須
處理的文件
放在這裡
建議使用可以
立起文件的直立型收納盒
合適的空盒
也可以
待辦文件較少時
亦可使用
透明資料夾

★ **每個人都要有一個自己的待辦專區。**

# 29 整理研討會資料

許多人爲了提升職業技能、考取證照或自我啓發，會報名參加研討會。參加研討會收到的各種資料，你是否還留在手邊？

不少人覺得「有一天想再拿這些資料出來讀」，就這樣堆在家裡。但眞的有人拿出來讀嗎？

大多數狀況下，那個「有一天」永遠都不會來。

研討會的價值只在參加的那一刻，若不實際運用研討會上學到的知識與技巧，一點意義也沒有。

反過來說，我認爲人們就是因爲手邊隨時都有資料，所以才不付諸行動。參加研討會前，請先做好心理準備，「在研討會上發的資料全部都要丟掉」。如果丟掉之後覺得可惜，再去參加一次同樣的研討會就好。第二次參加之後，請務必立刻付諸行動。



★ **參加研討會前，請先做好心理準備，在研討會上發的資料，全部都要丟掉。**

## 30 整理信用卡消費明細

提到總是丟不掉、不知不覺累積下來的文件，最具代表性的就是信用卡消費明細。由於信用卡消費明細每個月都會寄來，而且有幾張卡就會寄來幾份，日積月累之下很容易占據收納空間。

對大多數人而言，信用卡消費明細的功用，只不過是爲了通知持卡人：「你這個月用了這麼多錢喔！」水電瓦斯繳費扣款通知書也是同樣的作用。

在你確認並了解內容，記錄在家計簿上後，信用卡消費明細的任務就已經完成。除非是要報稅或做其他用途，否則都可以送進碎紙機絞碎或撕碎，全部丟掉。

最近許多信用卡公司改以電子帳單寄送消費明細，這個方式讓我們省事不少，未來不妨多加利用這類服務。



★ **除非必要，信用卡消費明細都要丟掉。**

# 31 整理電器產品的保證書

購買電器產品一定會附保證書，這也是家庭文件的最基本類型，所以大多數人會把這類文件確實集中保管。

最常見的保管方法，就是用風琴夾或資料簿收藏保證書。但以這種方法保管保證書，其實有一個陷阱，那就是分類分得太細，使得瀏覽到每一份的機會減少，一不留意很容易累積一大堆過期的保證書。很少有人會眞的想收集歷代電器產品的保證書，所以請把那些過期保證書全部丟掉。

最簡單的保管方法，就是不分類、全部一起收進普通的透明資料夾裡。收在一處的好處是，在尋找要用的保證書時，可以順便確認是否有過期保證書。建議大家不妨試試看。如果需要保存購買證明，請務必與保證書一起收存。

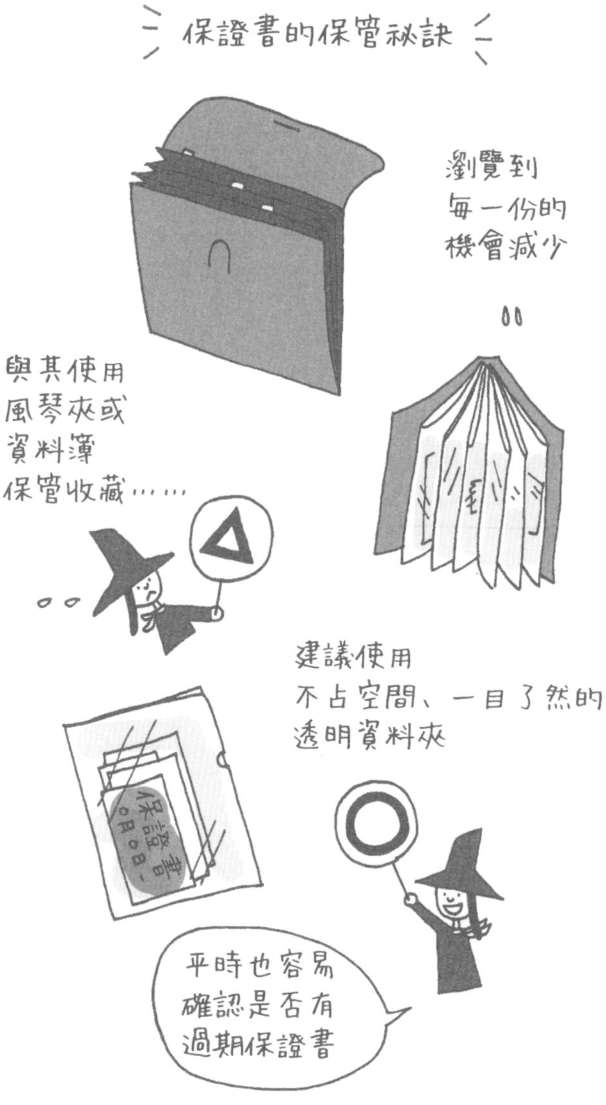
保證書的保管祕訣
瀏覽到
每一份的
機會減少
與其使用
風琴夾或
資料簿
保管收藏……
建議使用
不占空間、一目了然的
透明資料夾
保證書
平時也容易
確認是否有
過期保證書

**★ 千萬別陷入看似便利的「收納陷阱」。**

# 32 整理電器產品的使用說明書

使用說明書是所有書面資料中，最難懂也最無趣的類別。偏偏每本使用說明書都很厚，占據許多收納空間，儘管心裡不想保存，但又怕緊急時刻需要使用，於是就先留下來。一般人最常發生的情形，就是手邊的電器產品故障，買了新的之後，卻沒丟掉原本的使用說明書，還小心翼翼地存放在那裡。電器產品的使用說明書，就是這類無用文件的最好例子。

各位可以放心，「基本上丟掉所有使用說明書」也不會造成困擾。即使丟了之後，產品發生故障，不知該如何處理，也能上網查詢，或直接詢問製造商，即可解決問題。

話說回來，如果有「令自己心動的使用說明書」，或「經常翻閱的相機說明書」，這類符合個人特殊需求的使用說明書，在經過嚴格篩選之後，不妨大大方方留下來。



★ **遇到緊急時刻，沒有使用說明書也不會造成困擾。**

# 33 整理賀年卡

賀年卡也是一般人捨不得丟的文件代表之一。上面不只有親朋好友親自寫的祝賀詞，有些還印著寄信者本人或全家福照片，讓人忍不住想要留作「紀念」。

不過，各位無須再掙扎了。

賀年卡最大的任務就是完成「新年問候」，因此，在新年收到賀年卡的那一瞬間，它的任務就已經結束。

等抽獎號碼（注）確認完畢後，「謝謝您今年在各方面的關照」，在心中對寄件者表達感謝之意後，立刻丟掉。

若想留下來當作明年寫賀年卡的通訊錄，只要留最近一年的賀年卡。在此之前的賀年卡，只留下「讓你心動」的即可。

注：賀年卡抽獎號碼：由日本郵局所發行的賀年明信片上都會有抽獎號碼，並在年後進行抽獎，獎品有家電、國內旅遊等。



★ 停止忍不住想要留作「紀念」的行為。

## 34 雜誌與報紙剪報的保存祕訣

從雜誌剪下來張貼在冰箱門卻從未做過的食譜、尚未計畫要去的觀光區地圖、原本打算晚點再看卻早已超過時效的新聞報導……你現在還會對這些剪報感到心動嗎？

不瞞各位，我之前只要一看到京都、鎌倉的地圖就會剪下來收藏，但真的去當地玩，卻完全忘記之前收集的資料，不斷重複這樣的窘境，最後只好全部丟掉！

想留起來參考的剪報資料，建議使用可輕鬆翻閱的透明資料簿。當然，若較重視心動程度，也可以動手做一本自己喜歡的剪貼簿。

提醒各位，假如是最近想去的店面資訊等，這類無須歸檔的剪報，建議直接放在待辦專區或收進行事曆裡。

## 保存剪報的祕訣

動手做一本
自己喜歡的
剪貼簿

以透明資料簿歸檔
既簡單又方便

最近想去的店面資訊等
這類無須歸檔的剪報
建議收進行事曆或放在「待辦專區」

**★ 沒用到的剪報資料，永遠用不到。**

## 35 選一天處理待辦專區

完成文件整理之後，請確認你的待辦專區。盒子裡是否放滿了一堆文件？

整理尚未處理的文件時，建議一定要花時間一口氣完成。那些「看過就能丟」的文件，請立刻看完，當場丟掉。需要回覆的文件，請順便處理完畢。

待辦專區裡可能包括需要匯款支付的款項、取消銀行帳戶、變更各項服務內容等必須出門辦理的雜務，若是在一般公司工作的上班族，不妨乾脆請一天特休，一次處理完所有事情。

先完成「整理節慶」，再處理待辦專區的作業順序，基本上應該沒有任何問題。不過，事情沒處理完的煩躁感比想像中棘手，容易令人坐立難安。在開始整理小東西之前，一口氣完成文件整理，絕對能減輕心理負擔。

## 選一天處理待辦專區

**★ 文件沒處理完，容易令人感到煩躁。**

column

## 該如何整理公司文件？

整理公司環境時，首先要整理的不是公共空間，而是個人桌面，這是絕對不可忽略的鐵則。與整理家裡一樣，按物品類別一口氣完成整理。

整理的順序是「書籍→文件→文具→其他小東西」。

假如是一般個人使用的桌面，所需時間為2小時×3次。建議選在辦公室裡人較少的早上展開「整理節慶」，不過若能空出6小時，一次完成整理也很好。

一味想著「我工作很忙，根本擠不出6小時」而放棄整理，反而讓你得不償失。根據某項研究數據顯示，每個人每天要花30分鐘找東西，有些人甚至高達2小時！若以每個月上班20天來換算，每個月最多會浪費40小時。一想到只要花6小時整理，就能省下找東西浪費的時間，各位是否覺得很值得？整理得乾淨整齊的辦公桌，絕對有助於提升你的工作效率！

對於不心動卻丟不掉的物品，
請一個一個思考其真正的任務。
你會發現大多數物品
都已經完成任務了。

物品要收納在應有的位置，
說穿了，收納就是決定「物品的家」。
因此，一定要一件不剩地決定好
自己擁有的每件物品該放在哪個位置。
這才是收納的本質。

第五章

# 這樣整理怦然心動的小東西

## 36 無數小東西的整理祕訣

類別繁雜眾多，是小東西的最大特色。小東西包括文具、電線類、化妝品、餐具、掃除用具、洗衣用品等，光想就令人感到頭暈目眩。

整理眾多小東西的攻略重點很簡單，就是要清楚分類。

只要知道家裡有哪些類別的物品，再按物品類別執行以下基本步驟一一完成即可：

①全部集中在一處
②只留下讓自己心動的物品
③按物品類別收納

有些小東西是與其他家人共用的物品，原則上只整理「自己使用的物品」，這一點很重要。

假如你一個人住，從哪個類別開始都可以。

整理小東西的過程中，若出現「不心動卻必要的物品」，不知該如何決定時，不妨試著讚美。列舉這類物品的優點，像是放在家裡很方便，或從外表找出特色等，稱讚其「太好用了」「眞是太棒了」。

如此一來，你會開始湧現「雖然只是偶爾一次，但謝謝你一直爲我付出」「多虧有你，讓我可以安心生活」等感謝之情，面對只有實用性的物品，也能逐漸浮現怦然心動的感覺。

此外，如果眞的找不到値得稱讚的優點，或讚美了卻覺得不對勁，請務必遵從自己的內心，將不心動的物品全部丟掉。

整理小東西，是大幅度提升怦然心動感受度的最大契機。衷心感謝平時讓你的生活更方便的小東西，請務必認眞面對這些物品。



**★ 讚美那些不令人心動卻必要的物品。**

37

## 整理CD與DVD

基本上，小東西的整理順序沒有強制性，可依個人喜好展開。不過，大多數人最初都會從音樂CD或電影、影集等DVD開始整理。由於CD與DVD跟書籍、文件一樣，同屬於「資訊類」物品，整理完書籍、文件之後，再整理CD與DVD更顯得得心應手。按基本步驟將所有CD與DVD集中在一處，接著一張一張拿在手裡，留下讓自己怦然心動的物品。

「想先存在電腦裡再丟」的CD與DVD，可暫時收在整理文件時設立的待辦專區。即使只對「封面」心動，也不妨大方地留下來。

有些CD可能是情人或朋友送的，充滿個人回憶，若是懷念「曾經聽過這首歌的青春歲月」，不妨讓自己徹底懷念，再心存感謝地丟掉，繼續整理下一張。就算有丟錯的可能，也絕對不能在整理途中聽音樂或看DVD，避免永遠整理不完。

**★ 絕對不能在整理途中**
**聽音樂或看DVD。**

## 38 工具類文具的整理與收納祕訣

文具可以細分成工具類、紙類與信件類，首先從文具的代表類別「工具類」說起。工具類文具泛指筆、剪刀、釘書機、尺規等「非消耗品」。一陣子沒用的筆，請先確認能否書寫。參加活動送的、自己不心動的筆，請趁這個機會丟掉。

文具是所有用品中「最希望擁有自己空間的物品」，由於文具種類繁多，材質和大小各有不同，使用領域也豐富多樣，若完全不分類，全部收進抽屜裡，「它們」一定會立刻在裡面喧騰起來。建議使用一個材質硬挺的方盒，與其他物品區分開來，才能創造出令它們開心的環境。請注意，文具一定要直立收納。細分所有類別的文具，再一一直立收納。整盒的釘書針、橡皮擦、自動鉛筆的筆芯等小型文具，請放在原本裝耳環、飾品的包裝盒（或尺寸相近的小盒子）裡，即可收納得井然有序。

## 工具類文具的整理方法

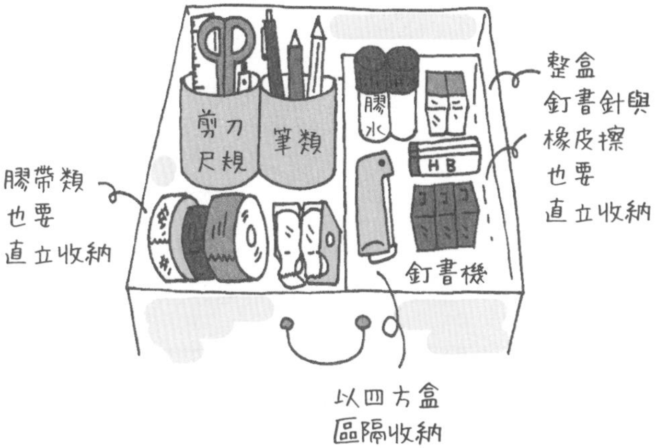
剪刀
尺規
筆類
膠水
HB
釘書機
膠帶類
也要
直立收納
整盒
釘書針與
橡皮擦
也要
直立收納
以四方盒
區隔收納

還能寫嗎？
一陣子沒用的筆
要先確認
能否書寫！

**★ 以方盒細分所有類別的文具，**
**再一一直立收納。**

# 39 紙類文具的整理與收納祕訣

紙類文具包括筆記本、便條紙、便利貼、資料夾等以紙製成的文具，透明資料夾和文件夾等用來整合與歸檔資料的檔案夾也屬於這個類別。

相信其中有許多筆記本都只用了一半，還剩下一大堆空白頁面。我能理解當一個人開始新事物時，總是想用全新筆記本的心情。話說回來，除了讓你心動的筆記本之外，其他已完成任務的請全部丟掉。

透明資料夾很容易在不知不覺間留下來，千萬不要忘記整理。有一次我到客戶家上整理課時，竟搜出四百二十個透明資料夾，那位客戶後來全部捐給公司。

由於檔案夾是帶有紙張氣味的物品，收納時一定要放在文件旁邊。便條紙與便利貼等小東西，請先直立收納在小盒子裡，再將整個盒子收進櫃子，看起來就很清爽。

紙類文具的整理方法
便條紙與便利貼等
小東西全部收進盒子裡
便條紙
筆記本與便條紙
要直立收納
還沒用完的筆記本
全部丟掉
帶有紙張氣味的物品
一定要固定收納在
「文件旁邊」！

★ **便條紙與便利貼也要放在小盒子裡直立收納。**

## 40 信件類文具的整理與收納祕訣

顧名思義，信件類文具包括明信片、便箋、信封信紙組等，貼紙、印章等寫信時需要用到的物品，也可以與信件類文具一起整理。

原本立志當「勤於寫謝函的人」而購買信封信紙組，卻總是錯失時機，最後改寫電子郵件表達謝意——這就是過去的我所犯下的錯誤。揀選說穿了，若不是讓自己心動的物品，眞的不會想要提筆寫信。揀選時，請留下讓你想要主動寫信的信件類文具。許多旅行期間一時興起買的風景明信片，回頭再看時都覺得一頭霧水，完全想不起來「當初爲什麼想買」。既然已不再心動，請跟它說：「謝謝你給了我一段美好回憶。」表達感謝之意後，就立刻丟掉。不過，若是「雖然不會寄出，但很喜歡它的設計」的物品，無須丟掉，毫不猶豫地留下來吧！

## 信件類文具的整理方法

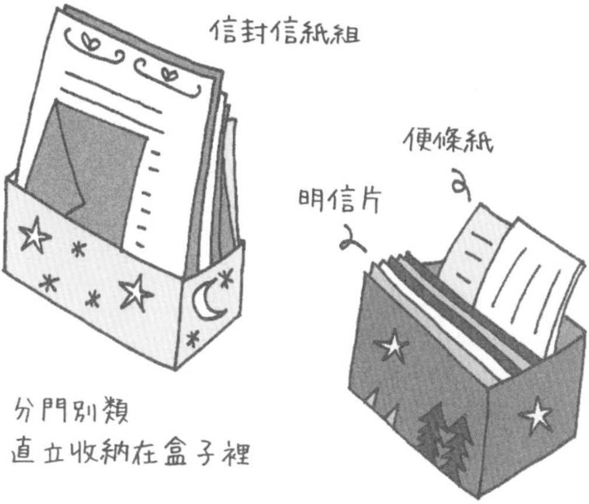


分門別類
直立收納在盒子裡

只留下
會讓你想要
主動寫信的文具！

**★ 一時興起買的風景明信片，**
**也要一張一張確認是否心動。**

## 41 整理「與電力有關的物品」

數位相機、掌上型遊戲機、個人電腦、電子字典等，這類「與電力有關的物品」請歸類在電器類小東西一起整理。

假如你平時喜歡攝影，買了大量配件，不妨設一個「相機相關物品」類別，之後再一起整理。

在電器類小東西中，舊手機也是很容易堆在家中的物品之一。不瞞各位，我在上整理課時，最高紀錄曾經在客戶家中找出十七支歷代手機。

遇到「充滿回憶捨不得丟的手機」，可以列入紀念品的類別，之後再整理。若想取出手機中的照片，請先將手機放入待辦專區。最重要的是，事後一定要記得好好處理！丟棄手機和個人電腦時，不妨善加利用家電量販店或手機行提供的回收服務。

## 你怦然心動嗎？

**★ 行動電話的照片資料可以「以後再取出」。**

# 42 整理電線

電線可說是電器類小東西的代表物品，而且電線動不動就糾纏成一團，不容易處理。

除此之外，那些早已丟掉的相機與手機，你是否還留著這些產品的充電器？

電子產品附贈的耳機，你真的用得到嗎？

那些統統放進塑膠袋的電線，請務必一條一條拿出來仔細確認。

每次整理電線時，總是會找到「用途不詳」的電線。

這些電線絕對不能放在待辦專區，以後再處理，請務必當場確認。

先完成電器產品的整理，之後就能輕鬆對照電線。此時只要遇到讓你心想「這是什麼的電線啊？」的東西，請毫不猶豫地「全部丟掉」！

# 電線類的整理祕訣

**★「用途不詳」的電線類，**

**「全部丟掉」也不會造成困擾。**

# 43 整理記憶卡與乾電池

「與電力有關的物品」，也就是散發電力味道的產品。這類物品會散發出一波波電力特有的、帶有刺激性的味道，請以這種感覺爲判斷標準，找出剩下的電器類小東西。

不只是記憶卡、ＵＳＢ、空白ＤＶＤ、印表機墨水、乾電池，美容與瘦身儀器也要趁這個時候好好整理。每次我拜訪插座插滿插頭、到處都是電器產品的家，一走進玄關，我就會感受到空氣中瀰漫著電力的「刺激感」。

這樣的感覺，很可能會在不知不覺中進入我們的身體。

一口氣整理完「與電力有關的物品」之後，你會發現自己的身體突然變得輕盈，眞的很不可思議。

## 找出家中的電器類小東西

USB
記憶卡
空白光碟
乾電池
刺激電流
與電力有關的物品
會讓人
感受到刺激性
美容儀器
一口氣整理完
與電力有關的物品，
身體就會變得很輕盈♪

**★ 整理完「與電力有關的物品」，**
**身體就會變得很輕盈。**

# 44 給予飾品VIP級收納待遇

飾品的基本收納型態可分成以下三種：

①抽屜收納（收在化妝檯、櫃子、收納櫃等抽屜裡）

②盒內收納（收在珠寶盒、大型化妝包裡）

③開放式收納（將飾品當作家中擺飾）

收納飾品的重點，在於一定要重視美觀。

飾品是一種充滿強烈自尊心，需要給予VIP待遇的物品。換言之，就是小東西界的女王。她們在工作時會讓主人容光煥發，所以在她下班之後，當然也要維持她的美麗才行。

建議採取一打開收納場所就感到怦然心動，仿效飾品店展示櫃的擺飾方法。如果是「已不想再戴，但對墜飾感到心動」的飾品，也可以只留下讓自己心動的部分。

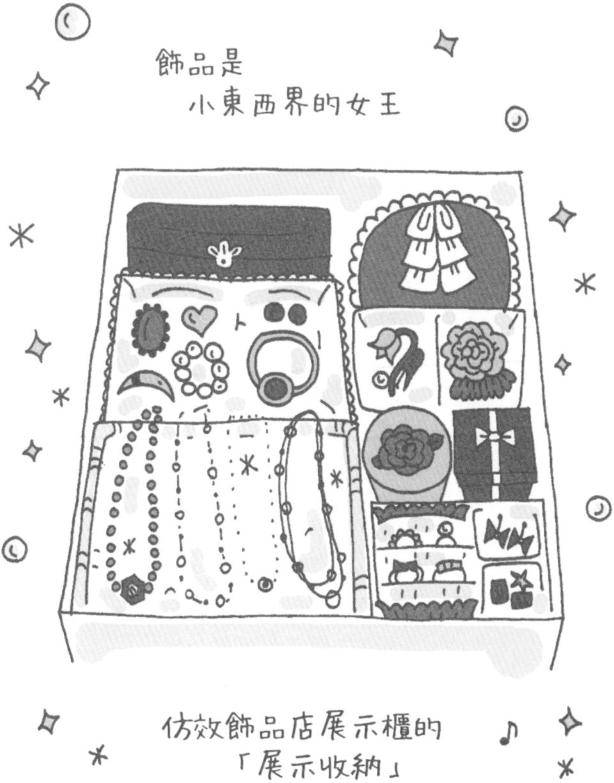
飾品是
小東西界的女王
仿效飾品店展示櫃的
「展示收納」

★ **飾品是充滿強烈自尊心的**

**小東西界女王。**

45

# 髮飾活用術

整理完飾品之後，接下來大多數人會再繼續整理髮飾。

遇到「已不想再戴，但對閃亮裝飾感到心動」的髮飾，請勿丟掉，留著用在其他地方。可以掛在衣架頸部、當成窗簾墜飾，製作成各種擁有自我風格的心動物品。

收納時也與飾品一樣，一定要重視美觀。可依單品類別，例如髮夾或甜甜圈髮飾等分隔收納，即可收納得清爽整潔。如數量不多，不分隔也可以。

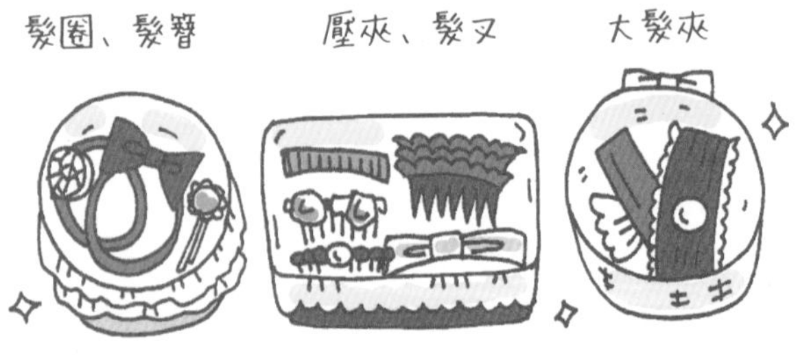


只留下讓自己心動的髮飾，依單品類別區隔收納

# 46 整理領帶

領帶是男人的飾品。收納時要注重美觀以及方便選擇度，才能在需要時立刻拿到想要的單品。

推薦的收納法有兩個，第一個「吊掛收納」。可使用領帶架，或排列在一般衣架上。若衣櫥門片的背面有吊桿，不妨多加利用。

第二個則是「捲起來收納」。可捲起來收在抽屜裡。可像海苔壽司（看得見漩渦）或瑞士捲（看不見漩渦）一樣地收納，依個人喜好選擇即可。

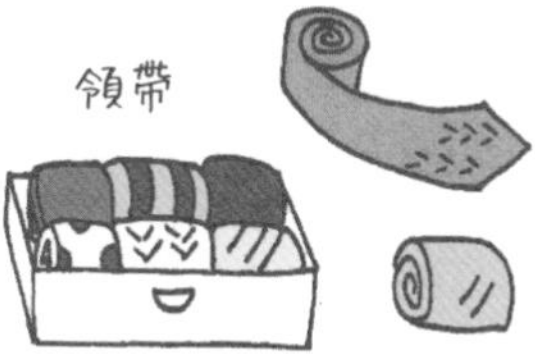

## 47 化妝用品的收納祕訣

化妝是女性提升怦然心動力的重要儀式，嚴格挑選要留的物品就對了。（用舊或不符合喜好的物品請全部丟掉！）

最簡單的收納法是將所有化妝用品大致分成「可以直立收納的物品」，例如睫毛膏、眉筆、彩妝刷具等棒狀物品，以及「無法直立收納的物品」。

假如化妝用品較多，可依使用部位分類，區隔收納。粉底等底妝、眼影等眼妝、眉妝、唇妝……將同類產品收在一起。

化妝用品的收納祕訣也在於美觀度。像飾品一樣收納得美美的，就能急速提升化妝時的怦然心動度。善加利用讓自己心動卻很少使用的盒子或玻璃容器，當成刷具架或隔層使用。說到這個，以前我曾經在寫賀年卡時，將腮紅與眼影當粉筆用，以指尖沾取畫上圖案。如果你有感到心動卻不再使用的眼影，不妨嘗試看看。

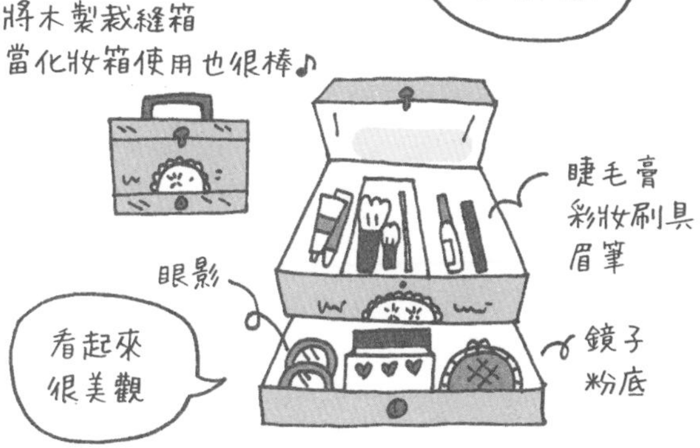


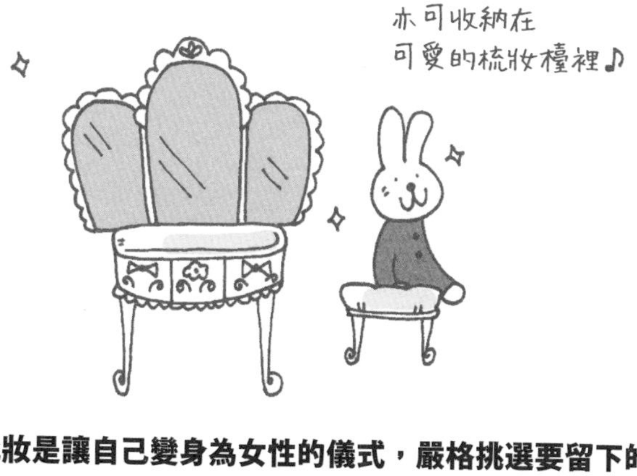


★ **化妝是讓自己變身為女性的儀式，嚴格挑選要留下的物品。**

# 48 護膚品的整理與收納祕訣

護膚品質地水嫩，呈現水一般的感覺，新鮮度是最重要的關鍵。想要提升護膚時間的怦然心動度，祕訣就是在適當的時間內用完。

請各位冷靜回想一下，那些留著準備旅行時攜帶使用的護膚試用品，你上次旅行時是否真的攜帶了？假如那些試用品跟你平常使用的商品一樣，乾脆全部開封，倒入目前使用的商品瓶罐裡。

早已不用卻捨不得丟掉的臉部護膚品，不妨拿來保養身體肌膚，而且千萬不要再「留著備用」，從「今天」開始給肌膚更奢華的保養。

基本上護膚品要收納在盥洗室裡，假如產品數量不多，全部收在同一處是最簡單的方法。試用品或管狀包裝的眼霜等包裝尺寸各異的產品，可收在小盒子裡，即顯得整潔美觀。無法全部收在同一處時，亦可分成「每天使用」以及「非每天使用」，分開收納。

所有護膚品集中在一處
確認是否心動！
試用品應立刻使用
或當場丟掉
包裝尺寸各異的產品
可收在小盒子裡
區隔開來
基本上護膚品
要收納
在盥洗室裡！

**★ 護膚品的新鮮度是最重要的關鍵，**
**應在適當的時間內用完。**

## 49 貴重物品的收納祕訣

貴重物品包括存摺、印鑑、折價券、商品券、外幣與現金等「與金錢有關的東西」，以及信用卡、集點卡、掛號證、商店會員卡等「卡片類」（這些跟與金錢有關的東西略有不同），還有護照等「官方身分證明文件」。

唯有這類貴重物品，在揀選時的判斷標準以實用性高於心動度。將超過使用期限的物品全部丟掉，可以賣掉換現金的，先收在待辦專區，日後請務必記得帶到專門回收或處理的機構變現。

收納這些尊貴物品時，最好整齊收納在櫃子抽屜或木盒裡。收納卡片類時，建議以直立收納的方式，收在與名片盒一樣大小的盒子裡。此外，基於保護財產安全與防盜觀念，印鑑與存摺絕對不可以放在一起，應各自存放在不同場所。

## 貴重物品的收納方法

「與金錢有關的東西」
應收在木櫃抽屜或木盒裡

全部收在小包包裡
即可整理得井然有序

**★ 貴重物品以「實用性」高於心動度。**

# 50 打造「每天隨身攜帶物品的家」

你的包包每天都有好好休息嗎？如果你的包包裡每天都有東西，請務必特別小心。說不定，你的包包比你想像的還要疲勞。

請在家裡打造一個「每天隨身攜帶物品的家」，將化妝包、定期車票夾、公司員工卡等幾乎每天都要帶在身上的物品，全部收在這裡。清空包包，讓包包好好休息。

「每天隨身攜帶物品的家」設立地點不拘，從玄關到包包收納區之間，任何地方都很適合。使用有夾層的包包收納這類物品時，只要放在其原有的收納場所即可（當收納用品使用的包包，偶爾也要清空）。

自從我養成清空包包的習慣後，有段時間經常不小心帶著空包包出門。不過一陣子之後，我反而開始注意自己帶的東西，忘記帶東西的機率降低不少。而且我也不再帶多餘東西出門，包包變得輕便許多。

"包包每天
都要清空"
每天都要讓
包包好好休息
在包包收納區的附近
打造「每天隨身攜帶物品的家」

化妝包
定期車票夾
公司員工
等

**★ 包包每天都很辛苦工作，**

**因此每天都要清空，讓它好好休息。**

# 51 將錢包奉為VIP小心收納

每天使用的錢包，務必給予「VIP待遇」，細心收納。

錢包裡的金錢輾轉經過許多人的手，承載著各種不同的想法，在每個人手中流動，容易顯得疲憊不堪。錢包裡都是承載著沉重想法的金錢，使錢包比我們想像中還要疲累。

我習慣這樣收納錢包：先用一塊布包覆錢包（也就是把這塊布當成錢包的棉被），再放進盒子裡，最後收納在抽屜。用布包覆錢包時，不妨放一顆可提升財運的能量石，接著對錢包說：「今天一天辛苦了。」感謝它的辛勞，結束它完美的一天。

就算沒做到這個程度，也要以自己的方式給予錢包特別待遇，爲錢包開闢一個專屬的收納位置。以尊崇的方式款待錢包，每次從錢包拿出金錢時就會湧現感謝之情，甚至會改變你使用金錢的方法。

## 將錢包奉為VIP

回家之後
立刻拿出收據和發票

放入一顆
水晶之類的能量石

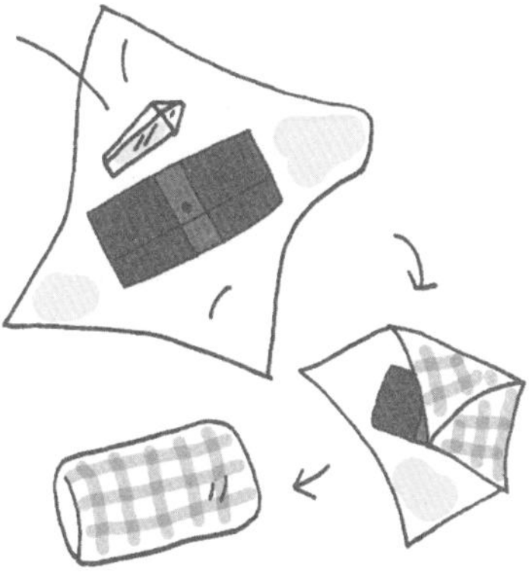

包在布裡
再放進盒子
收在抽屜中

**★ 一天結束的時候，**

**對錢包說聲：「辛苦你了。」**

## 52 將護身符裝飾在「我的神龕」裡

雖然依種類不同而有不一樣的處理方法，基本上護身符在賜予後超過一年時，必須歸還給原本賜予的寺廟或神社燒掉。即使不是原本那一間也沒關係。唯一要注意的是，神社的護身符要歸還給神社，寺廟的護身符要歸還回寺廟。

如果是不方便隨身攜帶的護身符，不妨裝飾在「我的神龕」裡。「我的神龕」必須設置在比水平視線高的位置（書架的最上層或櫃子上方等），將佛像、聖母像、能量石等「令人感覺神聖的物品」集中起來，當成裝飾品。雖說是神龕，但也不是傳統概念中那麼正統的形式，舉凡自己尊敬的人送的物品、喜歡的藝人商品等，只要是自己想特別尊崇的物品，都能裝飾在這裡。

裝飾護身符時，盡量採取直立擺放的形式。如有許多零碎的小東西，亦可全部放在小盤子或底部較淺的盒子裡，即可維持清爽狀態。

寺廟
神社
護身符

神社的護身符要歸還給神社
寺廟的護身符要歸還回寺廟

我的神龕設置在
比水平視線高的位置
將自己喜歡的物品集中在一起
打造「我的神龕」

**★ 打造「我的神龕」，**

**將令人感覺神聖的物品都裝飾在這裡。**

## 53 整理藥品類

一般人都以爲藥品永遠不會壞，其實並非如此。你家的醫藥箱裡，應該也有早就超過使用期限的藥品。過去我曾經找到一瓶二十多年前的正露丸，那個味道讓我直到現在都忘不了。無論如何，超過使用期限以及想不起醫生何時開的藥物，請全部丟掉。

可以立起來的藥品，盡量直立收納在醫藥箱；假如剩下來的藥量不多，不妨全部收在多出來的小包包裡，方便使用。

直立收納在醫藥箱
或全部收在小包包裡

# 54 整理裁縫工具

在此問各位一個問題，你多久用一次裁縫工具？

「這一年幾乎沒開過裁縫箱。」「我還在用小學時的裁縫盒。」相信很多人都會如此回答。你的裁縫箱裡是否還放著明知用不到，卻不曉得爲什麼收在裡面的物品？例如裁縫用粉塊或頂針、不知道做什麼而剩下來的羊毛氈碎布。

縫鈕釦是最具急迫性、卻也最容易被推遲的事，遇到這類事，請務必當場解決，不要拖延。

只留下讓自己心動的物品
換一個可愛的收納盒
○年○班

55

# 整理療癒系用品

不曉得是否需要療癒的人變多了，每個人擁有的蠟燭與香氛精油這類薰香類產品數量逐年增加。這類產品應與按摩或穴道按摩用具一起歸類在「療癒系」類別中，一口氣完成怦然心動選擇法。放久了的香氛精油以及不符合個人喜好的線香，請全部丟掉。

收納時一定要注重療癒系產品的舒適度。盡可能放在籐編籃等天然材質製成的收納盒或隔層，療癒效果絕對倍增。

讓物品感到舒適
自然就能療癒自己
蠟燭
籐編籃等

## 56

# 整理工具類

工具類不只是螺絲起子、鐵鎚、鋸子等工具，還包括釘子、螺絲、買家具附贈的六角扳手、附屬滑輪、用途不詳的十字螺絲、各種螺絲等。請大致看過一遍，留下需要的用品即可。

由於工具類的個性較剛毅，收納時無須設定細部原則。全部收在一起之後，接下來只要存放在空出來的地方即可。順帶一提，我目前擁有的工具數量已降至最低，將所有工具放在多出來的小包包，直接收納在櫃子裡。

將工具數量降至最低
全部收在一起

## 57 整理婚喪喜慶用品

顧名思義，這個類別的物品包括念珠、袱紗(注)等，主要使用在婚喪喜慶場合的物品。由於原本數量就少，通常不需要丟掉，只要集中在一處，確認有哪些東西即可。不過，如果發現袱紗太舊而變色，請立刻丟掉。舊念珠可以拿給寺廟處理。

一般來說，這類物品的使用頻率較低，數量也較少，收納時可與其他物品一起存放，或是收在收納空間後方較空的地方。

注：以絲綢製成的方巾，用來包覆紅包袋或奠儀。亦有口袋式或長夾式設計。

全部集中在一處
確認自己擁有
哪些婚喪喜慶用品
壽
變舊的袱紗
要丟掉

# 58 整理才藝類小東西

這裡所說的才藝，例如書法、插花藝術等，往往需要使用專門工具。

假如你正在從事的才藝只有一個，例如書法，請設一個「書法類工具」的類別，將相關物品全部收在一起。如果你有許多才藝，也可以不細分，只設立一個「才藝類工具」，將所有物品存放在一處。

若是過去從事的才藝，現在已經很久沒接觸，請先確認自己是否心動，並將所有不心動的物品全部丟掉。相信我，整理完成後，你的內心會感到前所未有的輕鬆。

全部當成「才藝類工具」收在一起

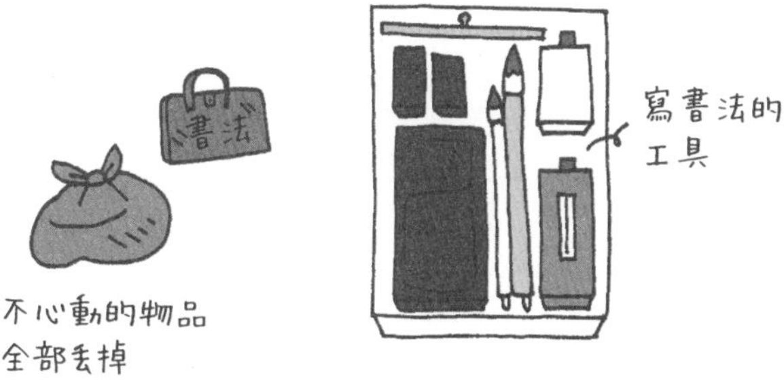

# 59 整理收藏品

凡是與吉祥物、藝人商品、特定主題設計有關的商品，就會二話不說地買回家，這就是收藏類小東西的最大特徵。你家裡是否還有沒拆封的收藏品？有些甚至塵封許久、不再讓你心動？

整理收藏類小東西通常需要花費許多時間，因此最重要的，是一定要空出一段時間來整理。做好心理準備，這件事可能會花掉你一整天的時間。

整理時請遵照基本方法，將物品一個一個拿在手裡，確認自己是否心動。就算是原以為不可能丟掉的東西，實際觸摸之後，一定會出現幾個「覺得不留下也可以」的物品。

留下讓自己心動的物品後，如有自己喜歡的分類，不妨依照自己的需求分門別類，接著打造一處最美麗的展示區，好好妝點居家空間。

收藏品也要
一個一個
拿在手裡
確認是否心動♪
你是否因為
捨不得
而一直收在家裡？

打造一處
最讓自己心動的
展示區

**★ 做好心理準備，整理收藏品**
**可能會花掉你一整天的時間。**

## 60 整理「不知道為什麼留著的小東西」

「不知道爲什麼留著的小東西」包括買手錶附贈的金屬零件、取下後一直放著沒用的髮夾、衣服的備用釦、舊的手機吊飾與鑰匙圈等，這些都是「不知道爲什麼」就是會留著的小東西。

在大多數狀況下，這些東西會全部丟掉，不過，若有想留下來的物品，請務必將性質相同的物品收納在一起。

例如髮夾要與髮飾、鈕釦要與裁縫工具放在一起。將原本流離失所、感到不安的物品帶回同伴身邊，它們就會立刻散發無限光輝。

總是在不知不覺間隨手擺在玄關、櫃子、抽屜、包包口袋裡的零錢，也是最具代表性的「不知道爲什麼留著的小東西」之一。每次只要一發現這些零錢，就要立刻收進錢包裡。請以「看到零錢，就放進錢包！」爲口號，每天確實實踐。

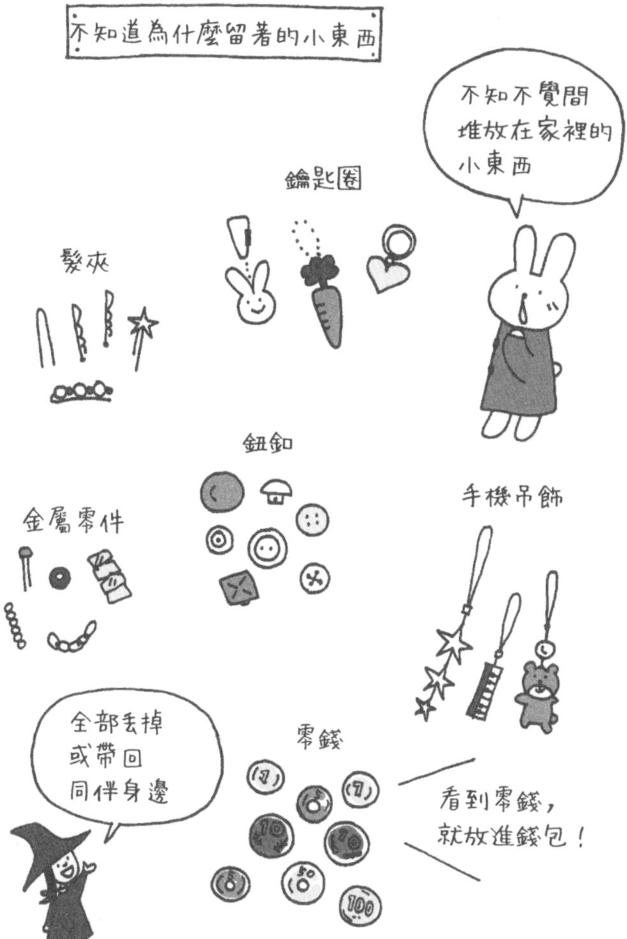


★ **將原本流離失所、感到不安的物品帶回同伴身邊。**

# 61 整理寢具類

與家人一起住或平時買了不少寢具的讀者，請將寢具視為小東西的類別之一。

確認自己是否心動時，不要只是觸摸，還要聞味道！若平時很少更換被單床套，寢具上的味道會比想像中重。如果買回家備用的床單還放在塑膠包裝裡，請務必特別小心。我曾經在客戶家中看過很多次，由於塑膠袋容易累積濕氣，未拆封的床單就這麼發霉了。

在發生悲劇之前，最好現在就打開包裝，開始使用。

不要只是觸摸
還要聞味道
嗅聞
毛巾可以直立或
堆疊收納 ♪

## 62 整理毛巾

參加婚喪喜慶收到的毛巾贈品，是否還放在包裝盒裡？原本想要「拿去跳蚤市場賣掉」卻一直放在家裡的毛巾，請現在立刻拿出來使用吧！拿掉盒子可以節省不少收納空間，提升收納效率。

基本上，毛巾一定要收納在盥洗室，如果沒有收納空間，也可以放在衣櫥或棉被壁櫥的抽屜裡。順帶一提，「當抹布使用，用完即丟」的毛巾，最好一條條折好直立收納，這樣的方法遠比隨便塞在袋子裡更容易管理數量，也能避免過度囤積。

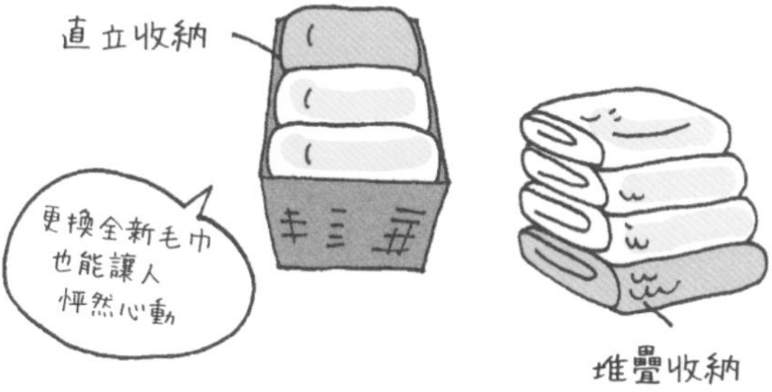
直立收納
更換全新毛巾
也能讓人
怦然心動
堆疊收納

## 63

# 整理棉被類

除了枕頭、毛毯之外，家中若有座墊，也歸在這一類一起整理。表面破舊、去年已不再使用，自己也不再感到心動的物品，請全部丟掉。平時一直收著沒用的客用棉被，整理之下才發現早已發霉。假如平時很少有客人來訪，不妨趁這個時候丟掉。

若家裡棉被無法收進衣櫥，也不要讓棉被露出來，不妨蓋上一塊自己喜歡的布。

家裡每年
會有多少客人
來訪過夜？
棉被

# 64 丟掉布偶娃娃的祕訣

布偶娃娃眞的是一種令人捨不得丟的物品。眞正原因就在於「眼睛」。有眼睛的物品會產生視線，看起來像是活的。

正因如此，我在丟這些物品時，一定會遮住視線。拿一塊布遮住眼睛，或用紙袋等不透明的袋子裝布偶娃娃後，再丟掉。

若是這樣還感到不對勁，不妨帶著「淨化」的心情，在袋子裡灑一撮鹽。總而言之，只要多做一個步驟，抱持著供養的心情丟掉，就能輕鬆向它告別。

抱持著供養的心情
丟掉布偶娃娃
謝謝
用布蓋起來
鹽
灑一把鹽
放進袋子裡

# 65 整理紙袋與塑膠袋

總是在不知不覺間堆在家裡的物品，以紙袋與塑膠袋爲代表。大家不妨數一下家中的庫存數量，一定沒料到會有這麼多（我的最高紀錄是在客戶家中找出一百五十五個紙袋，總共可以裝三個紙箱！）。

若不清楚留下來的物品數量算多還是少，不妨計算一下這三個月總共用了幾個紙袋。這類容易在不知不覺間愈堆愈多的物品，更要冷靜地控管「數量」。

收納時的關鍵爲「減少體積」「收納在硬挺的物體裡」。

紙袋可以收納在檔案盒（利用紙袋也可以，但放在硬挺的物體裡較不容易愈堆愈多）裡；塑膠袋先壓扁再折疊，與衣服一樣直立收納，就能避免庫存過多的問題。覺得折塑膠袋很麻煩時，亦可塞進小一點的盒子裡。

## 紙袋與塑膠袋的整理方法

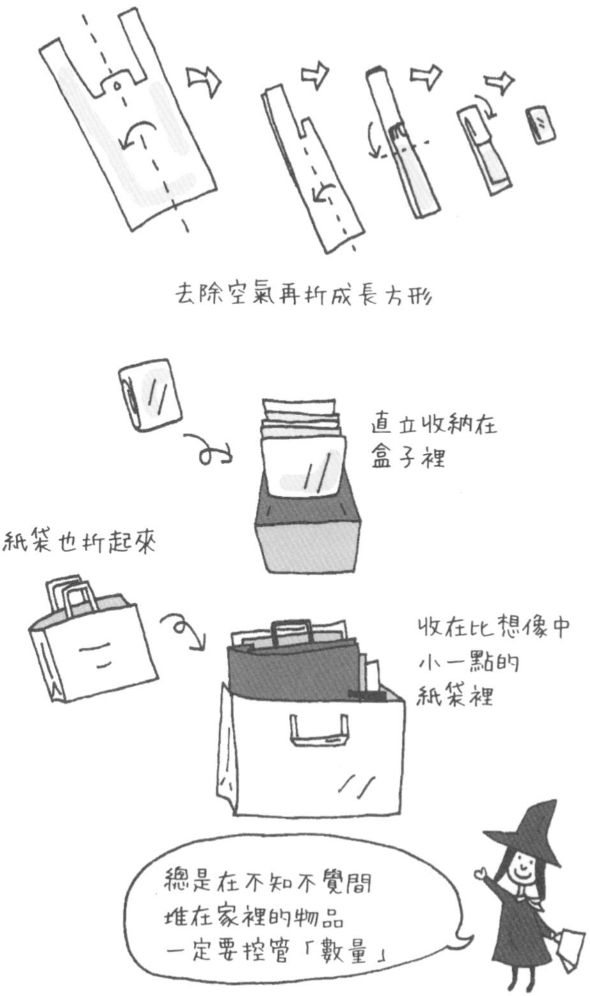
去除空氣再折成長方形
直立收納在
盒子裡
紙袋也折起來
收在比想像中
小一點的
紙袋裡
總是在不知不覺間
堆在家裡的物品
一定要控管「數量」

**★ 不知不覺間愈堆愈多的物品，**

**更要冷靜地控管「數量」。**

## 66 整理休閒用品

舉凡野餐墊、休閒活動常用的羽毛球拍與球等運動用品，滑雪道具組、釣具組、烤肉組等大型用具，全都屬於休閒用品，這類物品的大小尺寸也各有不同。

即使使用頻率較低，只要是一段時間就會用到，或者光是欣賞就讓你心動的物品，請大大方方地留下來。

將休閒用品放在超市塑膠袋裡，會讓物品看起來像「垃圾」，反而大幅減少使用頻率。最起碼也要放在自己喜歡的店家紙袋裡。

## 67 整理季節用品

提到季節用品，女兒節雛偶、五月人偶等大型擺飾自不用多說，只在聖誕節或正月等日子使用的節日擺飾和小型裝飾品，也是其中的一分子。關於季節用品，只要留下「下次過節還想使用」的物品即可。

決定留下來的物品要分類收納，如數量太多，就在盒子或抽屜貼上標籤，提醒自己季節到的時候記得使用。如果你家也有適合現在季節的裝飾品，歡迎盡情擺飾出來！

## 68 整理防災用品

安全帽、緊急避難袋、手電筒、收音機、簡易廁所用品等，這些都是緊急時刻一定要用到的防災用品。展開「整理節慶」時，請務必趁機檢查這些物品是否齊全。

背包裡是否有過期的緊急糧食、醫療用品？收音機是否還能用？防災用品是最容易塵封在家裡的物品。如果家裡有未拆封的居家安全防護用品，請立刻打開安裝。

基本上，緊急避難袋要收納在玄關附近的儲藏室或棉被壁櫥的一角，而且全家人都要知道收納位置。

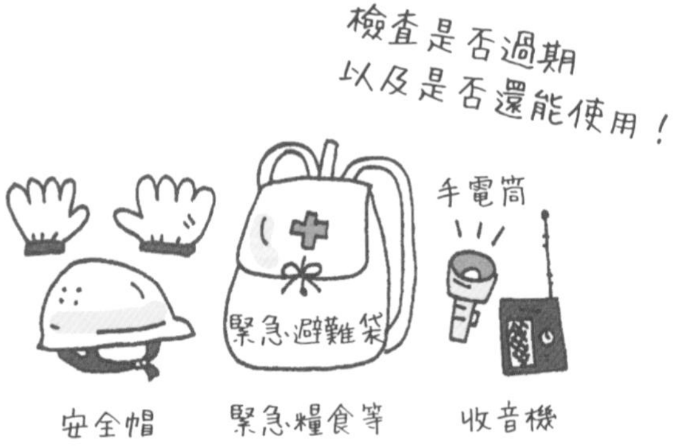

## 69 整理傘具

無論是雨傘、陽傘、折傘，只要符合自身需求，且傘的數量與家庭成員人數相符，就已經很夠用了。

唯一要注意的是，不知不覺間愈堆愈多的透明塑膠傘。透明塑膠傘放久之後，傘面很容易黏在一起或發黃，因此一定要打開來看一下。以前我遇過一個客戶，自己一個人住，卻擁有二十一支透明塑膠傘，最後只好丟掉絕大多數的傘，真的好可惜。

整理傘具時，不妨同時整理雨衣。

傘也要一把把打開
確認是否心動 ♪

# 70 廚房雜物分成三類

想實現怦然心動的幸福廚房，最應該注重的就是「清理的容易度」。可以收納在櫃子裡的物品請盡量收納，水槽、瓦斯爐與周邊區域不要放置任何物品，打造一個使用完畢就能迅速擦拭污垢的潔淨廚房。

「方便拿取」當然也是重點之一，但如果將所有物品放在隨手可及之處，就會在不知不覺間附著水漬與油垢，嚴重降低廚房的怦然心動度。相反的，若能維持好清理的廚房，讓廚房隨時晶亮如新，多花一個步驟從收納場所拿出需要物品，也不會令人覺得麻煩。

廚房雜物的特色就是品項繁多，分類複雜。在開始整理之前，請先記住廚房雜物的三大類，方便後續作業。

這三大類就是「調理器具」「用餐器具」和「食物」，收納時千萬不要分散在不同地方。

★ **廚房最重要的就是「好清理」。**

# 71 調理器具類的整理與收納祕訣

整理時不只要拿出湯鍋、平底鍋與砂鍋，還要將調理碗、篩網等調理器具全部從廚房拿出來放在地上。若不想放在地上，亦可放在餐桌上，或在底下鋪報紙。按照基本步驟，一個一個拿在手裡，確認是否心動。

水槽下方是最基本的收納場所。調理碗、鍋子等相同形狀的物品盡可能疊起來，充分運用垂直高度。若家中採用系統廚房且原本就有平底鍋架的設計，不妨將平底鍋收納在架子裡。

湯勺、鍋鏟、磨泥器等調理器具，也要以相同方式確認是否心動。

假如之前買了尚未拆封的備用器具，請務必趁這個機會取代舊器具。

收納調理器具時，可放入廚房收納櫃的抽屜裡，或利用廚具架直立收納，放在水槽下方。

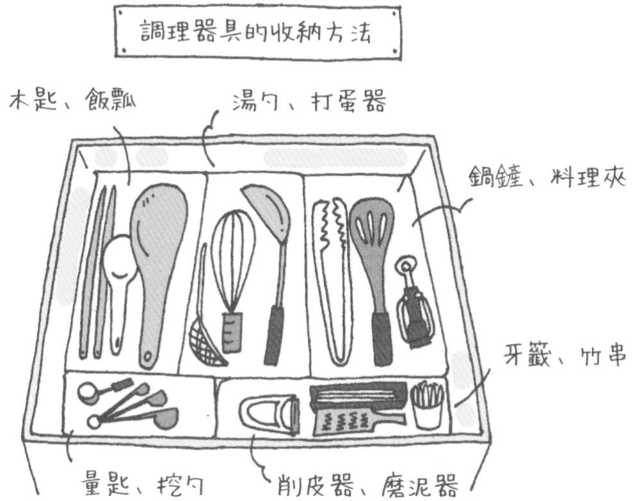
調理器具的收納方法
木匙、飯瓢
湯勺、打蛋器
鍋鏟、料理夾
牙籤、竹串
量匙、挖勺
削皮器、磨泥器

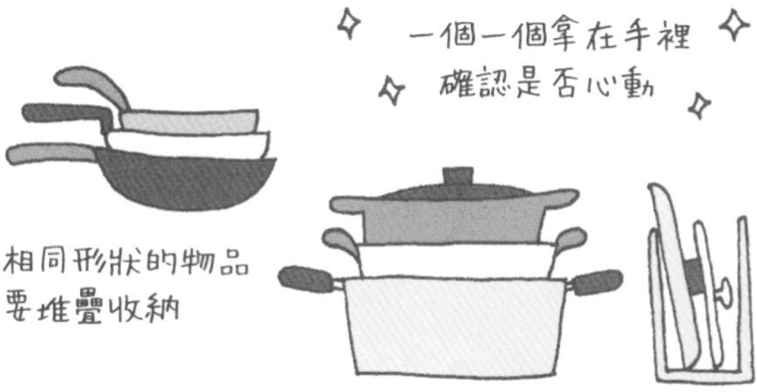
一個一個拿在手裡
確認是否心動
相同形狀的物品
要堆疊收納

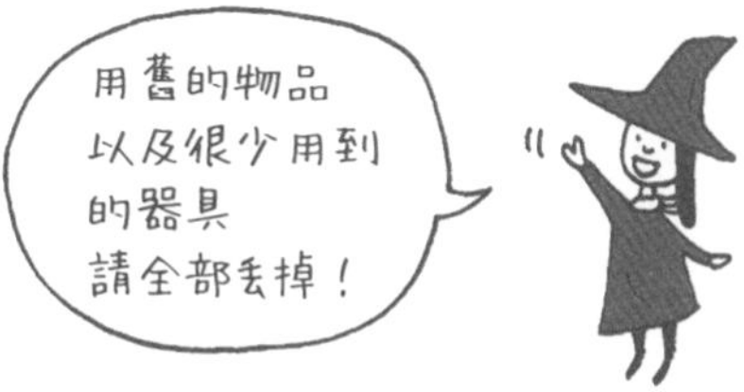
用舊的物品
以及很少用到
的器具
請全部丟掉！

**★ 假如有未拆封的備用新品，請立刻拿出來使用。**

## 72

# 整理調理家電

請將家中所有調理家電，包括熱烤三明治機、鬆餅機、果汁機、章魚燒機等，全部集中在一處（有時候可能會收在廚房以外的地方，千萬不要遺漏）！其中是否有因爲一時興起買回家，結果用沒兩次就膩的產品？以及好幾年沒使用過的物品？

我最近每天都用果汁機打蔬果汁喝，這類每天使用的調理家電，也要收在櫃子裡（電鍋亦同）。雖然乍看之下很麻煩，但只要收在固定的地方，就不會感到困擾。各位不妨嘗試看看。

每天使用的物品
也要收在櫃子裡
保持環境清爽

# 73 一邊料理一邊整理的祕訣

雖然身爲整理專家不應該說這樣的話，但我眞的很嚮往一煮好菜就能同時恢復潔淨廚房的狀態。

我先生也經常做飯，他每次一煮完，廚房就像新的一樣乾淨整潔，晶亮到讓我不禁懷疑他到底有沒有用過廚房。

而且他做的都是步驟繁複的菜色，像「先以鹽麴和酒醃漬豆腐再炒」，或「以椰子油煎香蕉，再拌入巴薩米克醋」之類。不像我爲了簡化事後的整理步驟，做菜完全不用油，而且只用一個鍋子……

於是我向先生請益，他有三大整理祕訣：事先拿出要用的食材和調味料，開始調理後不做任何多餘動作，用完的物品立刻放回原位。一次將調味料與食材按類別歸位，就能提高效率（整理也是同樣的道理）。一煮完菜立刻以熱水擦拭油垢。各位不妨試試看。

## 74 巧妙收納餐具的祕訣

重新檢視自己擁有的餐具，確認每一件物品的怦然心動度（擁有大量餐具的人要花許多時間與心力，不妨趁這個機會一口氣整理餐具櫃）。基本上，收納時要按物品分類，區分成玻璃杯等「飲料類餐具」和盤子等「料理類餐具」，再將同一類的餐具往上堆疊。櫃子裡的層架不夠時，可靈活運用ㄇ字型層架等收納商品。

此外，你家裡是否還有放在盒子裡，從未使用過的餐具？參加朋友婚宴收到的盤子組、紅酒杯等，請從盒子拿出來，與日常使用的餐具放在一起。朋友送的漂亮餐具若是一直放在盒子裡，就永遠沒有使用的一天。

正月用的多層漆器餐盒、蕎麥麵竹籠組這類只在特定場合或季節才使用的餐具，收在盒子裡也沒問題。

分成「飲料類」和「料理類」兩區收納
再將相同形狀的餐具往上堆疊

將原本收在盒子裡的
玻璃杯拿出來
展示收納
飲料類
料理類

多層漆器餐盒等
使用頻率較少的餐具
可以收在盒子裡

**★ 收在盒子裡的豪華餐具，**

**永遠不會有使用的一天。**

## 75 以「VIP待遇」收納筷匙刀叉類餐具

收納筷子、叉子、湯匙這類餐具時，一定要刻意給予「VIP待遇」。由於這些餐具都是直接進入我們口中的物品，因此像是內衣褲與筷子這類「會直接接觸我們身體的物品」，都要給予「頂級」待遇，提升每一天的怦然心動度。

收納時可以放在杯子等筒狀物裡直立收納，不過，最理想的收納方式，是按筷匙刀叉等物品類別，平放收納在抽屜裡。

利用餐具盒分類是最完美的收納方式，若抽屜空間不足，或獨自居住的單身者，筷匙刀叉類餐具的數量較少時，亦可全部收在同一個餐具盒裡，在底部鋪上一塊布巾（或讓自己心動的手巾），將不同餐具區隔開來。

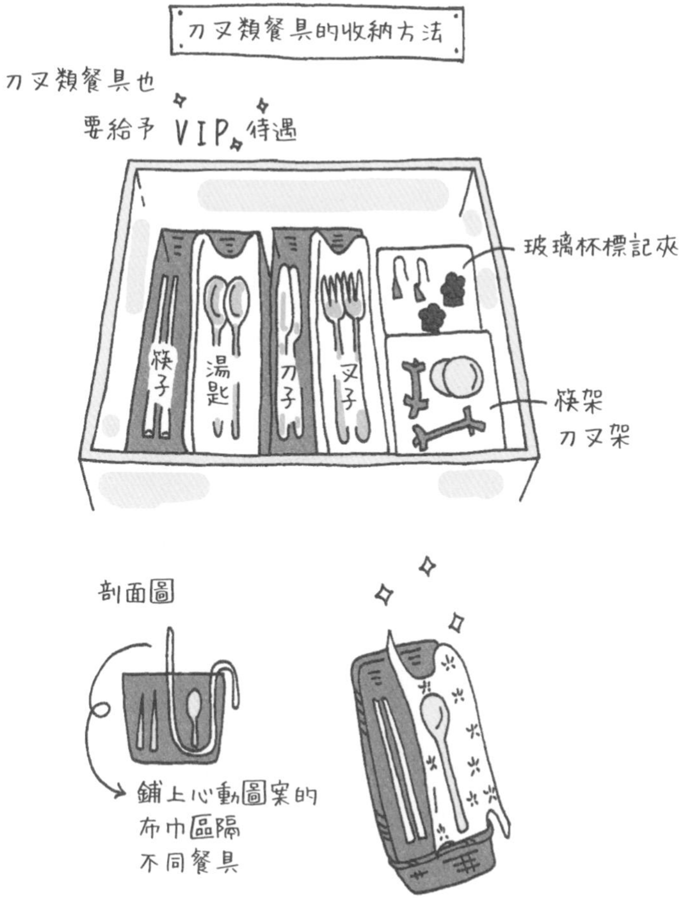




**★ 直接接觸身體部位的物品，**
**都要給予「VIP待遇」。**

# 76 整理餐桌家飾

我曾經在客戶家中，看到木製餐巾環從飾品盒裡掉出來。客戶知道那是什麼東西之後，還大笑地說：「這個比戒指大、又比手環小，我一直搞不清楚這是做什麼用的。」話說回來，從長期閒置的餐巾環角度來看這件事，不免覺得有些悲哀。

午餐墊、茶具墊、杯墊、筷架等雖然不是必須品，但可以讓用餐（下午茶）時光瞬間變得精采豐富。如果家裡有這些物品，請不要束之高閣，一定要天天拿出來使用。

基本上，這些餐桌家飾要收納在餐具或筷匙刀叉的旁邊，如空間不夠，亦可放在廚房或餐桌附近。

收納精心設計的筷架時，一定要注重美觀。可像店家一樣排列整齊，每當打開抽屜就會心動，或者展示收納，成為居家布置的一部分。

## 餐桌家飾

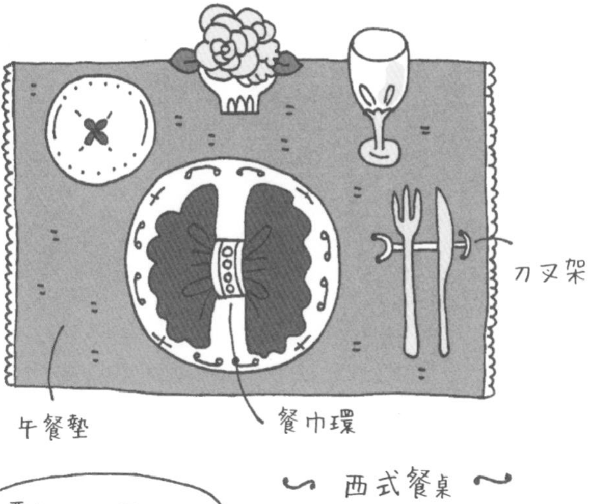

★ **精緻的餐桌家飾千萬不要束之高閣。**

77

# 整理保鮮盒與空瓶等保存容器

舉凡塑膠保鮮盒等市售產品、琺瑯容器、存放食物的果醬罐、紅茶罐，都屬於保存容器之一。

雖然確認心動與否的基本作業也很重要，但這類物品更應注重數量。除了冰箱裡正在使用的保存容器之外，也要清楚掌握閒置備用的數量，冷靜思考現有數量與自己真正需要的數量之間，究竟有多大誤差。

感覺數量過多時，請丟掉舊東西，或將方形容器放在廚房抽屜裡，收納、區隔物品。

可以堆疊的保存容器，請將蓋子與盒身分開，盒身層疊收納、蓋子直立收納，再一起收進收納盒裡，即可提高收納效率。

如收納場所還有空間，或擔心保存容器沾染灰塵，不妨以蓋上蓋子的狀態收在櫃子裡。

# 保存容器的收納方法

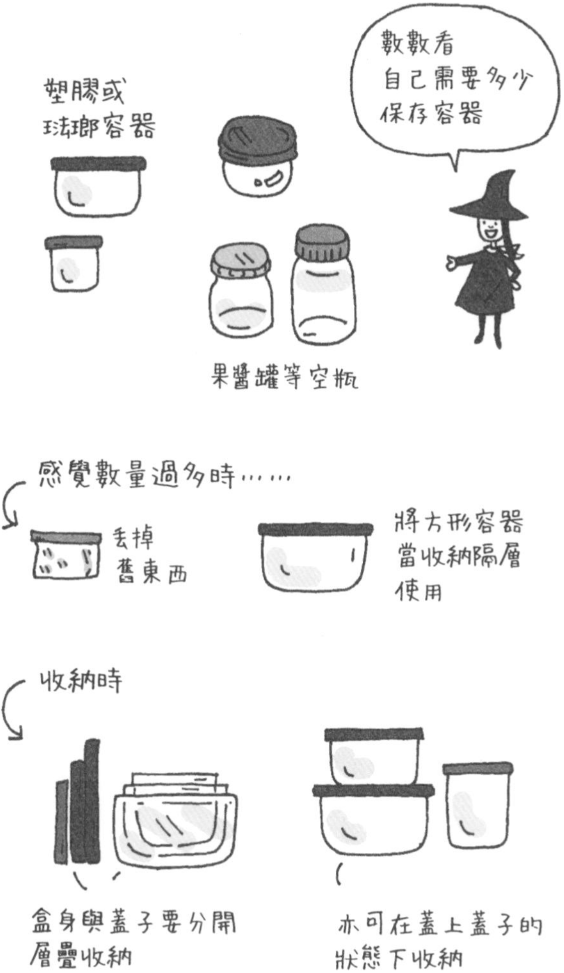
數數看
自己需要多少
保存容器
塑膠或
琺瑯容器
果醬罐等空瓶
感覺數量過多時……
丟掉
舊東西
將方形容器
當收納隔層
使用
收納時
盒身與蓋子要分開
層疊收納
亦可在蓋上蓋子的
狀態下收納

**★ 冷靜思考自己真正需要的數量。**

# 78 零碎的廚房雜物

牙籤、竹串、大量匙、小量匙、開瓶器、開罐器等還沒機會用到的小型廚房用具，請趁這個機會整理完畢。

同一樣物品超過兩個，或擁有其他功能更多的產品，導致某些用具的使用頻率極低時，請務必將這類物品丟掉。

不過，如果是紅酒開瓶器等設計款式讓自己心動的物品，不妨大方留下來。收納這些廚房雜物時，一定要在抽屜裡確實區隔位置。若有多餘的空盒或保鮮盒，不妨從中找出尺寸適中的物品作爲隔層。

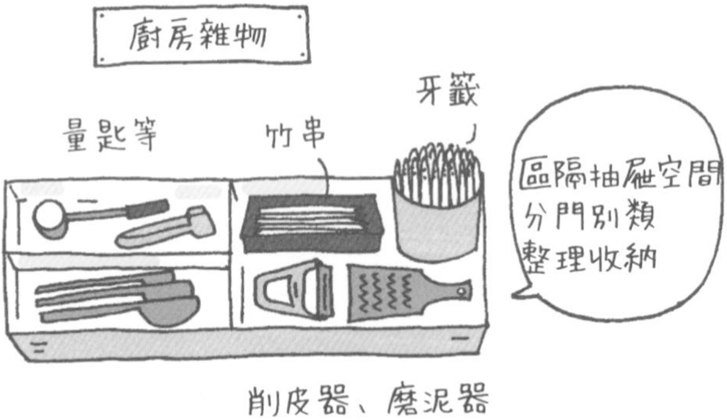

# 79

## 整理便當用品

將製作便當時常用的用品，包括便當盒、鋁箔杯、裝飾葉片、小竹串等小東西，以及人物造型飯糰模型、海苔模型等，全部集中在一處，確認自己是否心動。

除了便當盒之外，其他用品一定要分類放在抽屜裡，打造一個專屬空間。

平時不太常做便當的人，不妨將所有用品收在一個盒子裡，再將這個專門存放「便當用品類」的盒子擺在櫃子一角。

## 80 整理製作甜點的用品

購買蛋糕和餅乾模型等用品，當然沒有任何問題，不過，若不常用會很容易生鏽，發現用品生鏽時，請全部丟掉。

重點在於收納。你是否因爲較少使用而統統塞在一個塑膠袋裡？做甜點通常屬於個人興趣，相關用品原本就會讓使用者心動，因此收納時也要保持心動度才行。可放在讓自己心動的盒子或袋子裡，或直接展示在櫃子裡，盡量避免用超市塑膠袋裝。

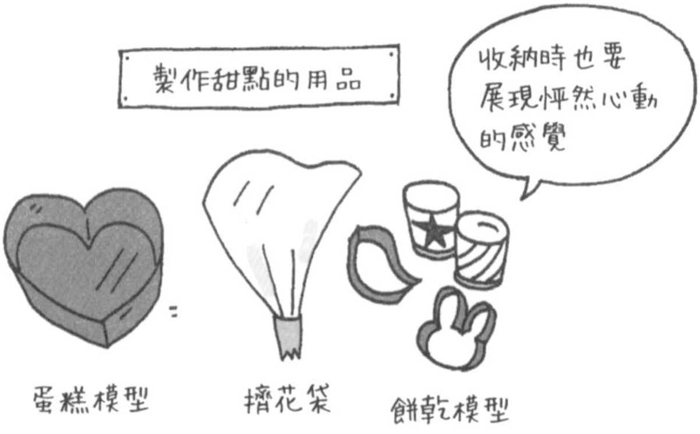

## 81 整理拋棄式用品

除了吸管、免洗筷之外，還有塑膠湯匙、紙盤、紙杯等派對用品，全部歸類在「拋棄式用品」裡。免洗筷很容易堆在抽屜裡，購買冰淇淋附贈的湯匙也會在不知不覺間留下來，請務必趁這個機會釐清自己需要多少數量，多出來的統統丟掉。

由於拋棄式用品多屬免費贈送的物品，很容易不知不覺地愈積愈多。前往超商或超市購物時，盡可能避免拿回家。不需要時，請向店員明白表明立場。

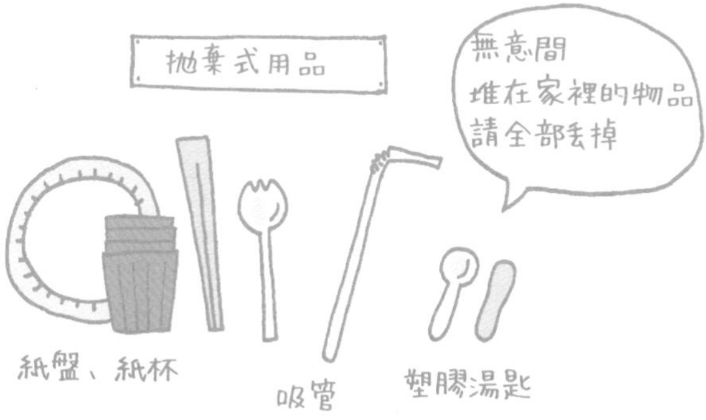
拋棄式用品
無意間
堆在家裡的物品
請全部丟掉
紙盤、紙杯
吸管
塑膠湯匙

# 82 處理食物

整理廚房食物時，應先排除冰箱裡的食物。首先要確認的是保存期限，令人意外的是，許多乾燥食品的保存期限比想像中短。

基本上過期食品要全部丟掉，但如果你有自己的習慣，像是「罐頭食品過期兩個月還能吃」，也可以留下來。若不清楚是否要留下，不妨拿來做菜，確認自己是否心動。

你家裡是否也有一時興起買下卻從未吃過的營養食品，以及在不知不覺中養成習慣，每天都要吃的健康食品？現在正是讓你重新思考，自己的身體是否需要這些食品，冷靜感受這些食品是否眞正有效的好機會。

如果家裡有太多庫存食品或別人送的食物，怎麼吃也吃不完時，不妨分送街坊鄰居，或捐贈給慈善機構。

分類收納食品
① 乾貨類
乾香菇
鹿尾菜
② 調理包類
咖哩
③ 罐頭
玉米
④ 調味料
油
味醂
辛香料
首先要確認
保存期限！
有個人習慣時，
可依照自己的做法。



★ **過期食品要立刻丟掉。**

## 83 收納食物

收納時應分門別類，可以立起來的食品請直立收納，放在抽屜裡時，請排放整齊，每次打開就能一眼看到自己要用的食物。

食品的基本分類爲調味料、乾燥食品、碳水化合物類（米、義大利麵、蕎麥麵、烏龍麵等）、罐頭、調理包、點心、麵包、營養食品。

如要講究外觀，可將乾燥食品全收進相同的保存罐裡，就能大幅提升怦然心動度。別人送的盒裝點心，裡面若是單包裝設計，請拿掉外盒，即可節省收納空間。

此外，所有食品最好化零爲整。舉例來說，若平時較少使用小包裝調味料，請全部開封放進瓶子裡。如果常常忘了將與白米一起煮的五穀雜糧倒進米桶，現在立刻打開倒進米桶，與白米充分拌勻。雖然只是一個小動作，卻能提升食品的收納效率。

食品的收納方法
整齊俐落
一目了然
可以直立的
請直立收納
乾貨
咖哩
袋裝食品
盒裝食品
罐頭
開封收納
收進相同的保存罐裡
感覺好心動
令人讚賞的收納創意!!
讓收納成為有趣的事
將五穀雜糧
全部倒進
米桶裡拌勻
米

**★ 利用相同的保存罐保存食品，看起來好心動！**

# 84 活用剩餘食材

發現大量快過期的食品時，請找一天一口氣全部用完！我將這個整理作業命名為「快過期食品清理節慶」。

挑戰前所未有的食材組合，例如將鹿尾菜放進咖哩中、以番茄醬調味蘿蔔乾，創造新菜色也是有趣的嘗試。

容我說個小故事，以前上整理課時，曾經在客戶家中翻出一大堆過期食品，客戶當時的反應讓我大吃一驚。她說：

「我男友明天要來，我要將這些食品全部用光！」

當然，她這麼說並沒有惡意，開心地表示：「其實這些食品還可以吃呢！」後來我問了第二天的情形，煮出來的料理完全沒問題。遇到過期食品，不妨交給自己的嗅覺決定是否要吃，好好地加以運用。

## 快過期食品清理節慶

利用舊茶葉
製作
煙燻食品

找一天
將所有快過期的
食品一口氣
用光

好暖和
將日本酒
倒進浴缸裡

將鹿尾菜放進咖哩中
以番茄醬調味蘿蔔乾

**★ 放一陣子的日本酒不要丟掉，倒進浴缸，**
**泡一個舒服的日本酒風味澡。**

## 85 整理飲料

請將飲料分成兩類，分別爲「直接飲用類（瓶裝、罐裝或盒裝果汁等）」與「乾燥類（紅茶、綠茶等茶葉、顆粒狀沖泡式飲品等）」。

第一步，請先確認保存期限。尤其是「直接飲用類」含有水分，很容易變質，發現這類飲料過期時請立刻丟掉。

過期的「乾燥類」商品可以當成茶香爐、除臭劑使用，或拿來做煙燻培根的燻材，不妨積極尋找活用方式，有效利用現有資源。

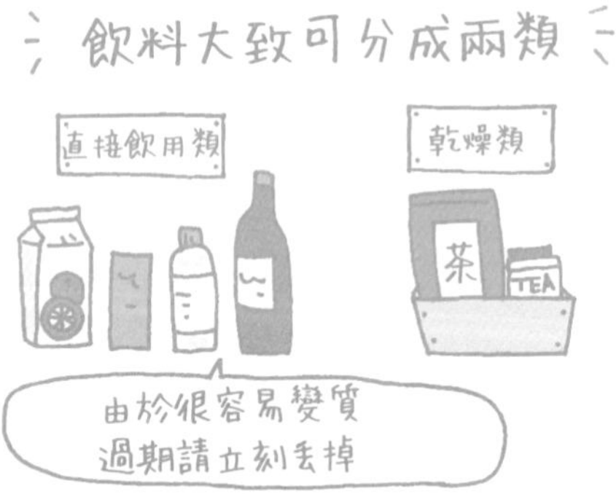
飲料大致可分成兩類
直接飲用類
乾燥類
茶
TEA
由於很容易變質
過期請立刻丟掉

## 86

# 整理冰箱

迅速檢查一遍冰箱內容，發現過期食物立刻丟掉。冰箱食物的整理方式與其他地方不同，無須全部拿出來，以免變質。

小包裝調味料（如砂糖等）容易塞在直立收納的飲料瓶縫隙間，請丟掉不用的調味料，剩下的調味料統統用小盒子或保鮮盒裝起來，即可保持整潔狀態。

收納重點在於留下三成的空間。若當天做的菜吃不完，或臨時收到別人送的食物，才有空間保存。收納時應分門別類，打開冰箱就能一眼看見所有食物位置。

冰箱的收納重點在於留下三成空間

統統裝在
小盒子裡
看起來乾淨俐落
確實分門別類
將不同食物收納在
固定位置

## 87 廚房消耗品的收納祕訣

保鮮膜、鋁箔紙、烘焙紙、廚房紙巾等消耗品，基本上應收納在吊櫃的下層、直立收納在水槽下方，或利用可以貼在廚房家具側邊的收納商品。如家中有好幾盒夾鏈袋，感覺外盒較占空間時，不妨全部收在同一盒裡，即可節省收納空間。

露出印在消耗品上的文字，容易過度展現生活感，盡可能在收納時遮住文字，才能提升廚房的怦然心動度。庫存品數量太多，無法全部收在廚房時，不妨在小東西類別中新增一項「庫存品」分類，在儲藏室等廚房以外的地方闢一個專屬的收納場所。

若架在瓦斯爐周邊的防污板、鋪在餐具櫃隔板上的保護紙、換氣扇濾網等物品無法讓你心動，請務必全部拿掉。即使是看似方便好用的物品，也要認清究竟是「不知道爲什麼就用」還是「眞的有效果」。

## 廚房消耗品

・夾鏈袋

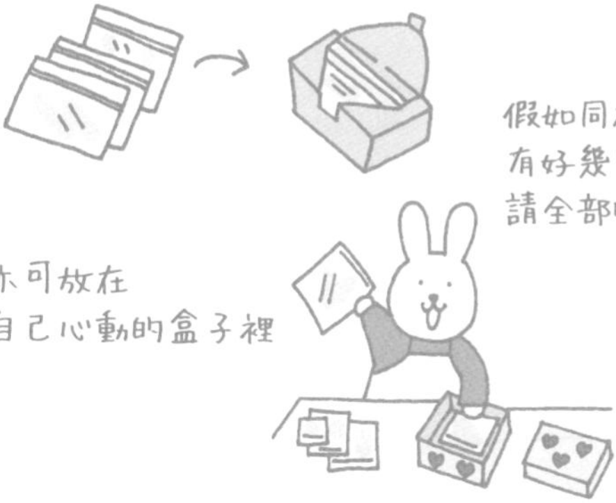

假如同樣的保鮮袋
有好幾包
請全部收在一個盒子裡

亦可放在
自己心動的盒子裡

・保鮮膜、鋁箔紙、
烘焙紙、廚房紙巾等

亦可在櫃子
門側安裝
紙巾架或
保鮮膜架

假如架子設計
讓你心動
也能安裝在門外

**★ 收納時請務必遮住商品文字。**

88

# 廚房清潔用品的收納祕訣

清潔劑、菜瓜布、研磨劑等廚房清潔用品，請全部收在水槽下方，或在收納櫃門片內側安裝籃子，統統放在籃子裡。

基本上廚房水槽周邊不要放任何物品，包括菜瓜布與清潔劑。

每次我這麼說，客戶都會問：「菜瓜布還沒晾乾就要收進櫃子裡嗎？」各位千萬別誤會，當然要先晾乾菜瓜布，才能收進水槽下方。

祕訣在於，使用完菜瓜布後，請用力擰乾水分。抱持著充分擠出水分的想法用力擰，即可快速晾乾菜瓜布。擰乾菜瓜布後，直立擺放或垂掛在沒有水氣的地方，完全晾乾後立刻收起來。不讓菜瓜布有機會在水槽四周生根。唯一要注意的是，若經常使用菜瓜布，根本沒時間晾乾，也可以只收起清潔劑。總而言之，一定要盡力排除產生水垢的誘因，才能保持水槽四周的整潔。

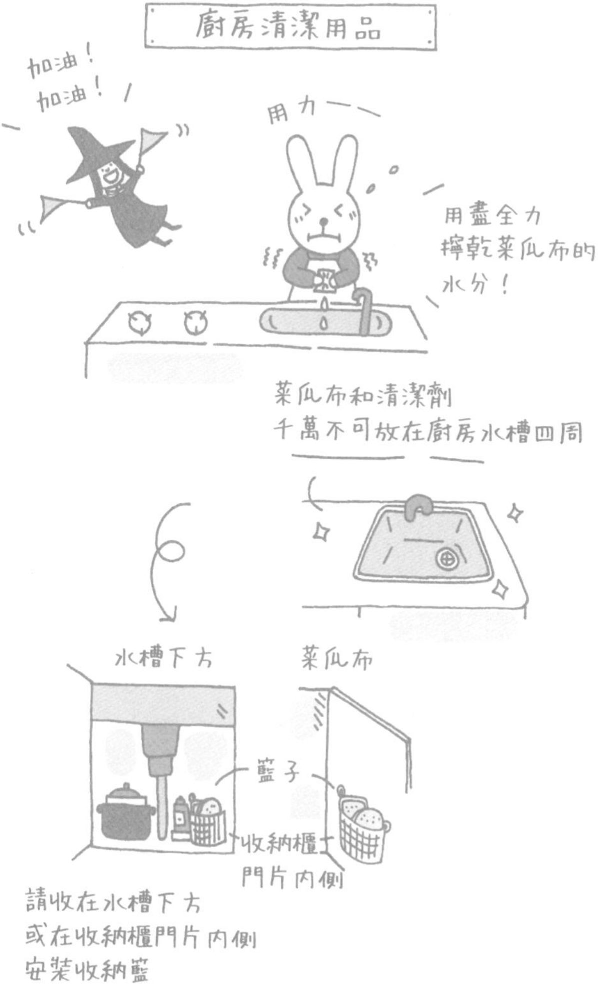
廚房清潔用品
加油！
加油！
用力——
用盡全力
擰乾菜瓜布的
水分！
菜瓜布和清潔劑
千萬不可放在廚房水槽四周
水槽下方
菜瓜布
籃子
收納櫃
門片內側
請收在水槽下方
或在收納櫃門片內側
安裝收納籃

★ **用盡全力擰乾菜瓜布的水分。**

## 89 廚房收納巧思

廚房收納的基本原則就是「同類物品要集中在一處」。除了過去介紹的類別之外，亦可根據自己的需求，設立「烘焙工具類」或「派對用品」等類別。

接著從體積較大的物品依序決定收納場所。家中如果有餐具櫃，請先收納餐具，再依序放入調理器具、調味料等。

我建議鍋具等調理器具放在水槽下方，調味料與各式食物則放在瓦斯爐下方。水槽下方的濕氣比瓦斯爐下方重，不適合存放乾燥食物。

利用水槽與瓦斯爐下方收納物品時，請務必運用垂直高度。善用ㄇ字型層架與小型透明收納盒，也是很好的方法。假如抽屜原有的隔層較厚，不妨全部拆掉，再利用空的收納盒自行組合，重新隔出大小適中的空間，一口氣提升收納效率。

**★ 瓦斯爐下方收納調味料與各式食品，**

**水槽下方要放鍋具等調理器具。**

# 90 讓廚房更可愛的裝飾法

完成基本整理後，接下來請花點心思裝飾廚房。可以利用照片、海報，或在餐具櫃玻璃門內側貼上自己喜歡的布料，在牆壁貼上漂亮圖案的磁磚。愈是從來沒想過要裝飾廚房的人，這個方法愈是可以瞬間提升怦然心動的效果。有個客戶在廚房貼了一個軟木板，專門裝飾孩子寫給她的卡片或當季擺飾品，讓她每次做菜時都覺得好開心。

添購自己心動的廚房用品，慢慢替換掉現有物品，也是一個好方法。跟各位分享我的親身經歷，我以前都用自己不心動的塑膠鍋鏟，後來改用木質鍋鏟之後，才發現讓自己心動的廚房用品，效果有多好。

不僅如此，無論是料理筷、湯勺、擦拭水滴的抹布，在每天使用的物品中，只要有一樣是自己精心挑選的用品，做菜時間就會變得讓人怦然心動！

裝飾廚房
慢慢將廚房用品
替換成自己心動的物品
菜瓜布換成
造型可愛的
產品♪
桌巾餐巾等
改用心動圖案設計♪
軟木板
裝飾與家人的合照
或明信片

**★ 精心挑選每天使用的物品。**

# 91

# 讓用餐時光怦然心動

完成廚房整理之後，用餐時光的心動度能幫助我們打造理想廚房。你在家會配合料理或季節，變化不同風格的餐桌裝飾嗎？很多人覺得購買全系列餐具，配合菜色使用不同設計相當麻煩，不過，若能善用午餐墊或筷架等小東西，就能輕鬆變化。

我個人特別注重筷架。包括自己做的筷架在內，我家裡總共有十九組。除了依照季節使用不同的顏色與材質，發現料理顏色不夠豐富時，只要在餐具四周放上兩、三個筷架，就能瞬間提升餐桌的裝飾性。筷架眞的是非常實用的小東西。

最近很流行蘿蔔泥藝術，許多人會利用蘿蔔泥做出各式各樣的動物造型，爲用餐時光增添趣味。各位不妨多加嘗試，打造出讓自己怦然心動的幸福餐桌。

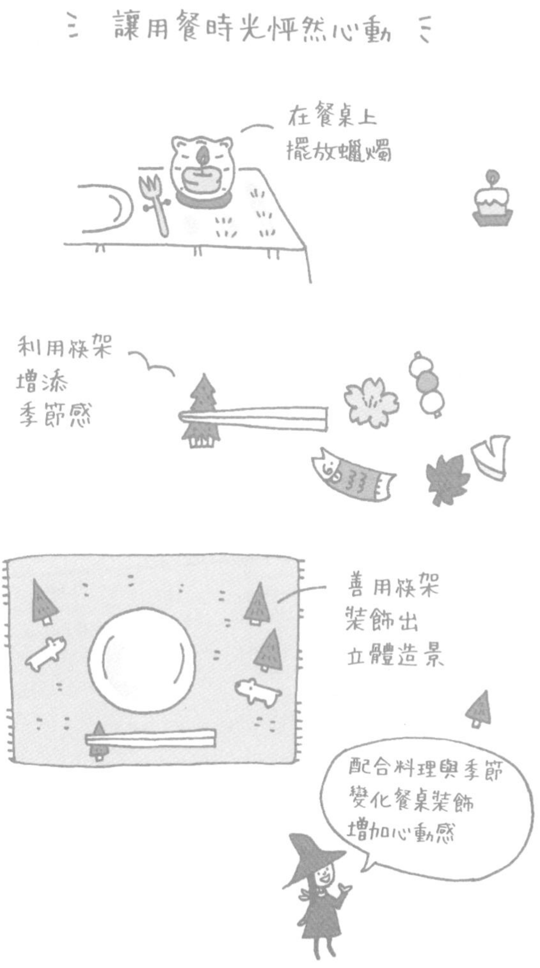
讓用餐時光怦然心動
在餐桌上
擺放蠟燭
利用筷架
增添
季節感
善用筷架
裝飾出
立體造景
配合料理與季節
變化餐桌裝飾
增加心動感

**★ 巧妙運用筷架，就能讓用餐時光更快樂。**

92

## 整理洗衣用品

基本上，洗衣用品要收納在洗衣機或曬衣場附近，減少曬衣用品的體積、避免相互纏繞，這是成功收納的關鍵。例如將洗衣網折好，曬衣架排列整齊，收在文件盒裡，就能維持整潔空間。

有位客戶將掛滿衣夾的曬衣架收進自己做的袋子（亦可使用環保袋）裡，避免衣夾纏繞。

順帶一提，請拆掉洗衣精的外包裝，在瓶口繫上一個小型蝴蝶結，提升怦然心動的感覺。

洗衣用品
也要怦然心動
繫上
蝴蝶結
撕掉商品
標籤
好心動

93

## 整理掃除用具

庫存過多的掃除用具與沒用過的清潔劑，請拿去賣掉或捐贈給慈善機構。今後若要打掃，務必只留下讓自己心動的物品。將掃除用具收在儲藏室裡，抹布（包括當成抹布使用的毛巾）折好並直立收納。

掃除用具的數量，並不是與房間的整潔度成正比，掃除用具唯有使用才能發揮價值。如果你已經買了打掃紗門的用具，卻一直放著沒用，不妨先清理完家裡的所有紗門再丟掉。

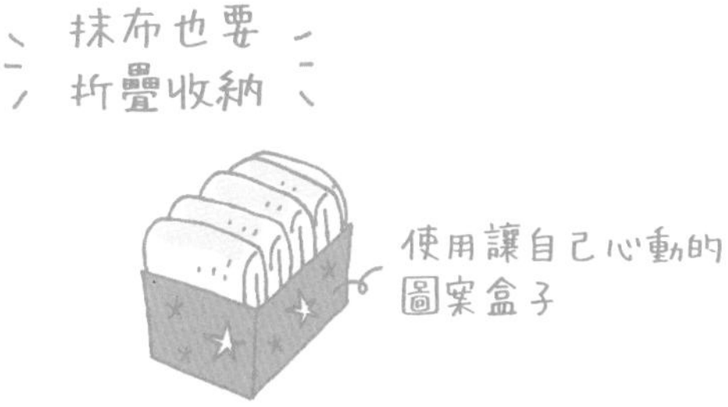

抹布也要
折疊收納
使用讓自己心動的
圖案盒子

## 94 思考盥洗室的收納方式

將物品收納在盥洗室時，要先確保全家人共用物品的收納位置，例如吹風機或牙刷架等。剩下的空間再依照使用者畫分，收納家中每個人的私人物品。

私人物品較多，無法全部收在盥洗室時，請收在每個人自己的房間裡，絕對不可占據他人空間。

唯一要注意的是，將化妝用品收在盥洗室的情形。粉底液等水分含量較高的產品基本上不怕潮濕，但眼影等粉狀產品與刷具則不耐濕氣與水氣，因此化妝用品最好放在其他場所。假如只有盥洗室有空間擺放，請務必存放在離水龍頭較遠的地方，或改在其他地方化妝，避免水氣沾到化妝品。

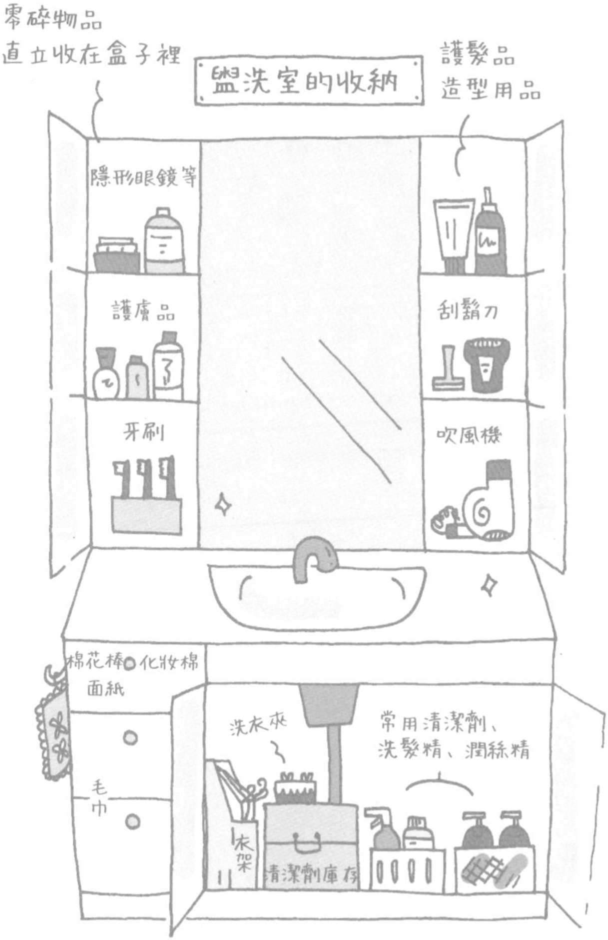
零碎物品
直立收在盒子裡
盥洗室的收納
護髮品
造型用品
隱形眼鏡等
護膚品
牙刷
刮鬍刀
吹風機
棉花棒・化妝棉
面紙
毛巾
洗衣夾
衣架
清潔劑庫存
常用清潔劑、
洗髮精、潤絲精



★ 水氣是化妝品的天敵。

## 95 將盥洗室變身成怦然心動的空間

杜絕水滴殘留，是將盥洗室變身成心動空間的重要關鍵。明明用盡巧思打造完美收納，洗臉台四周卻濕答答的或布滿水垢，就會瞬間降低怦然心動度。不妨在盥洗室放一條專門擦拭水滴的小毛巾，用完洗臉台就順手用小毛巾擦乾四處飛濺的水滴。我的客戶就在盥洗室牆面安裝掛勾，將漱口杯掛起來，盡可能去除會產生水垢的原因。

站在洗臉台鏡子前，映照在鏡子裡的現場狀況也很重要。

由於鏡子會放大映照物品的能量，盡可能維持整潔漂亮的環境，讓鏡子照到美麗的風景。假如無法避開感覺繁雜的收納場所，請蓋上漂亮的布，或使用相同造型的收納盒，維持一致外觀。

在鏡子照得到的牆面裝飾優美畫作與照片（放進相框裡避免潮濕），每次照鏡子時就能享受令人沉醉的心動感，不妨嘗試看看。

杜絕水滴殘留是
將盥洗室變身成
心動空間的重要關鍵
鏡面
也要保持
亮晶晶
放一條專用
小毛巾勤於
擦拭水滴
四處飛濺的水滴
應立刻擦拭乾淨 ♪
化妝品與
內衣褲最好不要
放在盥洗室

★ **細心打造環境，讓洗臉台鏡子照到美麗風景。**

# 96 整理洗髮精等庫存品

趁著展開「整理節慶」的時候，重新檢視衛生紙、面紙與洗髮精等各種庫存品。

發現陳舊、劣化或產品規格已經不符需求（以前使用的相機底片等）而不再使用的庫存品，無論覺得多可惜，都要統統丟掉。

最理想的狀態是所有庫存品都能用完，無須丟掉。不過，如果庫存數量太多，可以賣給二手店、捐贈給慈善機構或丟掉。

管理庫存品時，一定要清楚掌握數量。確實了解每樣物品可以用幾天？現有庫存品要多久才用得完？以明確數據掌握現況。若是現有數量必須花五、六年才用得完，乾脆將這樣的狀況當成範例，拍下堆積如山的庫存品照片，讓朋友作爲借鏡，或是當成「整理節慶」的壯烈傳說，分享給其他人。整理就是要主動積極，享受整個過程。

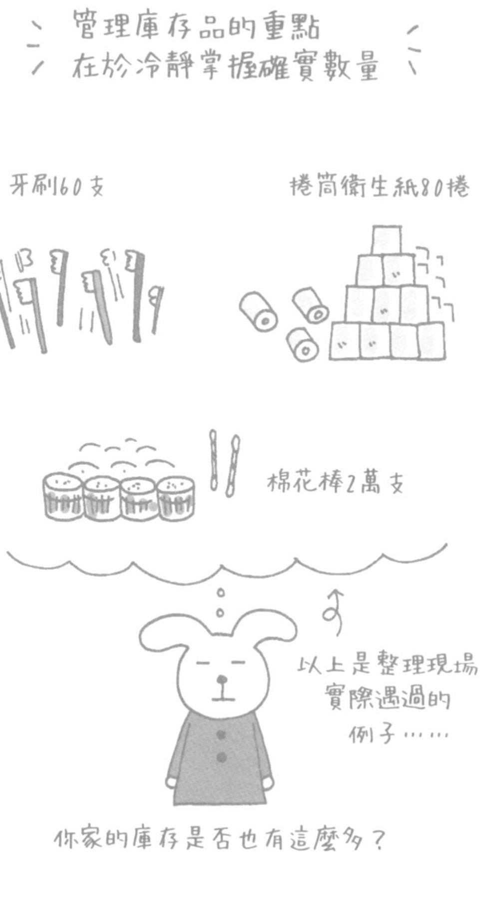
管理庫存品的重點
在於冷靜掌握確實數量
牙刷60支
捲筒衛生紙80捲
棉花棒2萬支
以上是整理現場
實際遇過的
例子……
你家的庫存是否也有這麼多？

★ **不用的物品，請毫不猶豫地丟掉。**

97

## 同類別的物品要放在一起

收納小東西的祕訣，就是將同類別的物品集中起來，放在一起。一般的小東西只要按照過去我建議的類別分類即可。

除了基本類別之外，如果你有屬於自己的類別，例如「吉祥物周邊商品」「樂器」「小布塊」等，請單獨設立類別，統一處理。

可以折疊的物品要先折好，節省收納空間；可以直立收納在抽屜裡的物品，請直立收納，充分運用現有的收納空間。

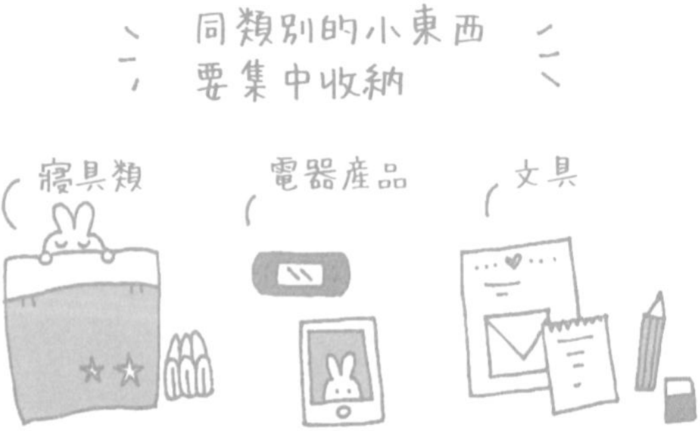

同類別的小東西
要集中收納
寢具類
電器產品
文具

## 98 玩聯想遊戲

決定小東西收納場所的第二個祕訣，就是「聯想遊戲」。例如確定電線類的收納位置後，隔壁要收納「散發電力味道」的電腦；如果每天都使用電腦，電腦旁邊就要收納「每天隨身攜帶的物品」，利用這個方法將感覺相近的物品收納在鄰近場所。

每樣物品各自都有性質重疊的部分，就像漸層色調一樣部分交疊在一起，利用這個方式將性質相近的物品串連起來，在家裡畫出一道美麗彩虹。打造收納場所時，一定要樂在其中。

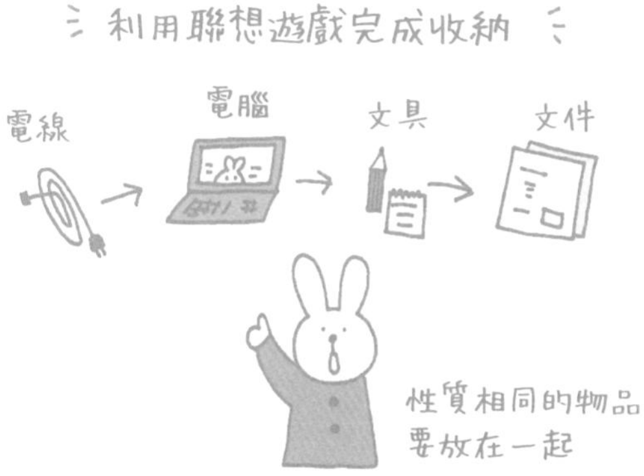
利用聯想遊戲完成收納
電線
電腦
文具
文件
性質相同的物品
要放在一起

## 99 活用木作收納櫃

收納小東西的第三個祕訣，在於是否能充分活用木作收納櫃的空間。

規畫收納空間時，從棉被壁櫥、衣櫥或儲藏室等，裝潢時事先做好的木作收納櫃開始放起，配合空間深度使用層架等用品，充分利用整個空間。一定要先放入透明收納箱、棉被、行李箱等體積較大的物品，這一點相當重要。

若有透明收納箱或組合式收納櫃，請務必放進木作收納櫃裡，打造美觀的收納空間。

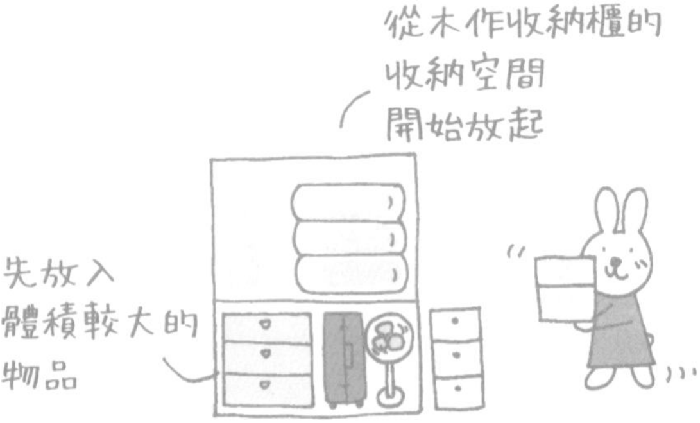
從木作收納櫃的
收納空間
開始放起
先放入
體積較大的
物品

column

## 內衣褲絕對不能放在盥洗室裡

你的內衣褲是否放在盥洗室裡？

如果你已經結婚或是男性，將內衣褲放在盥洗室裡沒有太大問題，若非如此，一定要特別注意。

儘管是我的個人經驗，但每次我面對「想要提升戀愛運卻不如願」的女性客戶，我發現她們大多數都是將內衣褲放在盥洗室裡。

內衣褲原本就屬於「私密物品」，而且如實反映出穿著者的特質。

俗話說「朦朧就是美」。當內衣褲放在公共使用的盥洗室，會讓內衣褲暴露在「所有人的目光之下」，剝奪了女性不可或缺的「神祕感」。

內衣褲應盡可能收在衣櫥或櫃子等，唯有自己可以管理的地方。而且要跟胸罩一樣，給予VIP待遇。心中已經有想法的人，請務必變更收納場所。

# 100 讓收納更怦然心動的四大裝飾法

你家裡的衣櫥、棉被壁櫥與抽屜，是否處於「一打開就怦然心動」的狀態？整理過程中如果找到「感覺心動卻派不上用場」的小東西，不妨發揮巧思，爲收納空間增添心動感。

小東西的裝飾方法有四種，分別是「擺飾」「垂掛」「黏貼」及「包裝」。

顧名思義，「擺飾」就是直接將物品擺飾在家中的裝飾方法，可以運用在迷你模型、人偶、鈕釦、飾品零件等物品上。

重點在於集中收納。零碎的小東西全部放在小盤子、空瓶、籃子裡，或利用托盤、在底部鋪上布墊打造「舞台」，瞬間提升小東西的魅力。不只看起來美觀，打掃起來也輕鬆。

「垂掛」就是掛上舊手機吊飾、鑰匙圈、造型髮帶的裝飾方法。可以運用在掛衣服的衣架頸部、壁式掛勾、窗簾桿的兩端等，任何「可以垂掛」的地方。

「黏貼」的裝飾重點，一定要使用在收納空間的內側。例如在衣櫥內貼海報、將小布塊貼在抽屜底板、將明信片貼在透明收納箱前。無論是布料或紙張，只要是能讓你心動的物品，不妨盡情張貼。收集自己喜歡的剪報圖案或明信片，打造「獨創的心動展示板」也是很好的方法。

最後則是「包裝」。利用手巾、環保袋、喜歡上面的圖案卻不再穿的衣服等，所有布料物品都能使用這個方法。

可將布料做成電線套，收起可能互相纏繞的長電線，或是當成防塵套，換季時用來包覆過季的電器產品。利用讓自己心動的布料包覆不想被別人看到的物品，就能輕鬆打造令人怦然心動的外觀。

只要像這樣花心思裝飾現有物品，即可瞬間提升家中的心動度，各位一定要嘗試看看。



★ **只要花心思裝飾現有物品，**
**即可瞬間提升家中的心動度。**

## 讓收納更怦然心動的
## 裝飾重點①擺飾

將小東西
放入空瓶中
擺飾

收集心動的
小東西
放進籃子裡

將心動的小東西
放在抽屜裡

利用布墊區隔
打造小東西的
展示舞台

## 讓收納更怦然心動的裝飾重點②垂掛

小兔子
對動物造型鑰匙圈
感到心動

掛在窗簾上

將造型髮帶
掛在
衣架頸部

將流蘇壁飾
掛在
門把上

將閃閃發亮的
小東西
掛在衣櫥裡

## 讓收納更怦然心動的裝飾重點③黏貼

親自打造心動展示板
貼上自己喜歡的物品

在門片內側
貼上
明信片

貼在透明
收納箱前方

將自己最喜歡的偶像海報
貼在棉被壁櫥
或衣櫥牆面

# 讓收納更怦然心動的裝飾重點④包裝

雖然喜歡
但已不穿的衣服
當成防塵套使用

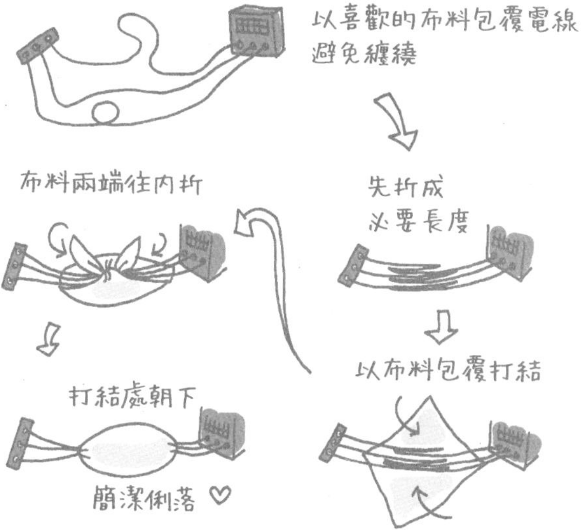
以喜歡的布料包覆電線
避免纏繞
先折成
必要長度
以布料包覆打結
布料兩端往內折
打結處朝下
簡潔俐落♡

column

## 消除不心動的元素

徹底「消除不心動的元素」，與在現有物品中增添「心動元素」同樣重要。

例如貼在視聽器材液晶螢幕上的保護膜，或是包覆在朋友送的永生花束外的硬挺玻璃紙。

這些都是不令人心動的元素，卻總是忘記拿掉。這類物品就是典型的「過度包裝」。

此外，貼在電子鍋上的「壓力！」文字貼紙、收在棉被壁櫥裡的「○○搬家」紙箱、寫在棉花棒包裝盒上的「棉花棒」文字等，物品上的文字資訊愈多，會讓家裡產生嘈雜的感覺。

只要消除所有「不心動的元素」，就能讓居家環境一口氣變清爽，效果超乎想像。如果你也想營造怦然心動的居家空間，請務必嘗試。

深入追究無法丟東西的原因，
會發現原因只有兩個，
那就是「對過去的執著」，
以及「對未來的不安」。

# 第六章

## 這樣整理怦然心動的紀念品

## 101 整理紀念品、總結過去的人生

終於來到「整理節慶」的最終章——整理紀念品。

整理紀念品最重要的關鍵是「相信自己的心動感」。

各位可能會覺得我多此一舉，但我之所以再次強調這一點，是因爲到了這個階段，你的怦然心動判斷力已經昇華到全新境界。

若按照正確順序，一路從衣服、書籍、文件到數量龐大的小東西，全部整理一遍之後，絕對能充分提升你的怦然心動感受度。

因此，進入整理紀念品的階段後，只要放輕鬆，繼續整理即可。

接下來我將介紹幾個紀念品的整理重點。

首先要注意的，是整理紀念品時絕對不能做的事。

那就是「全部送回老家」。

老實告訴各位，我以前也認爲：「只要老家還有空房間，將紀念品

送回去也無妨。」

但是當我幫忙整理接收紀念品的老家時，才發現家裡堆了大量紙箱，怎麼也整理不完。由此可見，一旦將紀念品裝箱送回老家，那個紙箱幾乎不會再次打開。

第二個重點是，無法丟掉的東西就大大方方留下來。假設你很喜歡高中校慶時全班一起製作的班服T恤，那就留下來。此時的你不是基於「我無法丟掉這些東西」的想法，而是因爲相信一路上判斷許多物品要丟要留，累積大量經驗後建立的自我判斷力，才做這個最終決定。現階段好好面對物品，未來有一天，你一定會在其他時機發現「這件物品已經完成任務」，到那個時候你就能徹底放手。

最後的重點是，好好使用留下來的物品。既然花心思選出讓自己心動的紀念品，就要讓它處於「隨時都能拿出來回憶」的狀態。

以「這件紀念品是否能讓未來的我感到心動？」爲判斷標準，好好面對每一樣紀念品，總結過去的自己。



**★ 現在你的怦然心動感受度，**

**已經處於最強狀態。**

# 102 整理學校的回憶

每個人念書時都拿過成績單與畢業證書，若想留作紀念，不妨留下印象最深刻的一張成績單。此外，畢業證書一般都收在圓筒裡，可以將所有畢業證書收在一起，節省收納空間。我個人的做法是，心存感謝地丟掉所有成績單與畢業證書。

若捨不得丟掉學生時代的制服，乾脆穿在身上，讓自己沉浸在青春的回憶裡（通常這麼做之後，就會立刻回到現實並瀟灑地丟掉）。

103

## 整理戀人的回憶

這類紀念品包括前任戀人送的禮物、情侶裝、充滿回憶的大頭貼等，若想迎接新戀情，基本上一定要全部丟掉。

如果你並不在意每天使用前男／女友送的物品，或這項紀念品已經不會勾起過去的回憶，也可以繼續留在身邊。

無論過去的回憶是苦是甜，都不要將情緒投射在物品上，謝謝它「給你一個美好的回憶」，好好與它告別。丟的時候請灑上一撮粗鹽，完成淨化儀式後就能徹底放下。

不要將情緒投射在物品上
衷心感謝並好好告別
昔日戀人
送的物品
照片或大頭貼

## 104 整理充滿回憶的錄影帶

充滿回憶的錄影帶包括以前錄的電視節目，以及參加活動拍的影片。遇到沒有註明影片內容的錄影帶時，很難判斷是否感到心動。

若要確認內容，請看開頭一小段即可。如錄影帶數量太多，不妨選一天一口氣迅速看完（我認爲不看內容直接丟掉是最好的做法）。

決定留下來的錄影帶，可轉錄成ＤＶＤ或存放在硬碟裡，輕鬆解決收納問題。

以前錄的電視節目
以及參加活動
拍的影片
有貼標籤註明內容者
請確認是否心動♪
如果沒有註明
找時間一口氣確認完畢
2014
2013
2012

# 105 整理孩子的作品

拍成照片後就將作品丟掉，或事先決定留下來的作品數量，好好管理。現階段還捨不得丟掉的作品，則無須強迫自己處理。

唯一要注意的是，決定留下來的作品一定要「好好保存」。

建議在家裡闢一個展示孩子作品的專區，等到充分感受完作品的「意義」之後，謝謝它「幫助孩子成長」，開心道別。

開闢作品展示專區
充分感受意義
孩子的作品

## 106 整理人生紀錄

若想留下旅行票券的收執聯，請務必統一貼在剪貼簿上，方便「隨時翻閱回憶」。

整理行事曆時，只要留下「自己最心動的那一年」，其他全部丟掉。

到了這個階段，你已經擁有高度的怦然心動感受度，因此可以迅速瀏覽日記，一邊回想過去的時光，留下仍讓你心動的日記。我的一個客戶說：「如果是自己死後不想被別人看到的日記，我會全部丟掉。」這也是很好的判斷標準。

# 107 整理信件

重新看一遍過去收到的信件，如果感覺已經完成使命的，請心存感謝地丟掉。不要直接丟進垃圾袋，先放入紙袋等不透明的袋子裡再丟，感覺比較安心。

如今重讀仍然感到激勵與溫暖的信件，請務必好好珍藏。紙張品質容易隨著時間劣化，建議收在通風性佳的收納盒裡，或放在濕氣較低的地方。準備一個自己喜歡的盒子收藏信件，也是很棒的做法。

過去收到的信件
啟
丟棄難度較高的
物品之一
如今仍能
激勵自己的信件
應好好珍藏

## 108 「整理節慶」的最後一步——整理照片

照片也要按照基本步驟，一張一張拿在手裡確認，只留下心動的照片。原則上要將相簿裡的照片全部抽出來，若已經精簡並統整成一本心動相簿，可以省略這個步驟。

就算家裡有兩箱照片要整理，也無須卻步。現在的你擁有高度的怦然心動感受度，一定可以迅速揀選出想留下的照片。

相同角度或場景的照片、看不出在哪裡拍的風景照，請統統丟掉。基本上底片要全部丟掉。我的某位客戶「只留下將自己拍得漂亮的照片」，在某種程度上，這是最正確的判斷標準。我建議在揀選照片時，不妨按照年代順序一一排列在地上，不僅可以整理出自己的歷史軌跡，也能增添整理樂趣。

判斷完照片的心動度之後，最後一定要集結成一本心動相簿。放在隨時可以翻閱的地方，讓回憶永保如新。

整理回憶照片

相機
請沖洗店
印出來的照片是否
還放在沖洗店的袋子裡？
宛如花牌（注）
大賽會場！
依年代順序
排列……
一張張
確認心動度
擺飾在家裡
或全部收在
一本相簿中
相簿
兔子
放在隨手可及處
方便隨時翻閱心動照片♪

注：日本人習慣在正月玩的紙牌遊戲。玩法是將所有紙牌排在兩人之間，由第三人唸出和歌上段，看比賽的兩人誰先找出相對應的下段花牌，找到最多花牌者贏。最知名的遊戲為「小倉百人一首」。

**★ 一張張檢視照片，就能總結自己的人生。**

你的家與物品，都是你最重要的夥伴。

終章

# 人生下一步的準備

「我已經知道『整理節慶』的做法，但覺得好麻煩，一直沒做。」

「下定決心展開『整理節慶』之後，我發現比想像中還辛苦。我的東西好多，工作好忙，一整年都在整理。」

「我終於在前一陣子完成了『整理節慶』。將心動照片放入相簿，未處理的物品也一口氣解決。」

「我就像是換了個人一樣，現在不論看到房間裡的哪個角落，都覺得好心動喔！所有物品我都好喜歡，內心只有滿滿的『感謝』！」

每次收到如此振奮人心的信件，都會忍不住想像對方的未來。

我相信當對方住在變漂亮的房子裡，就會開始過得更優雅，立刻改掉以前一直想改的壞習慣。未來的目標也變得愈來愈明確，並且為了邁向目標，全心全意地努力。

按部就班完成整理的人，會自然湧現人生下一階段的期待與想像。

「整理」，就是「總結過去的人生，準備人生的下一階段。」

換句話說，總結現階段的人生，人生的下一階段自然就會到來。

自從我念書時完成整理之後，每次遇到人生的重要階段，我都感覺自己在某種程度上「總結」了。

我在二〇一四年春天結婚，擁有了自己的家庭後，察覺到許多事。例如每個人的原生家庭都有其潛規則，就連我一直視為理所當然的收納方法，也必須逐項逐條地與另一半說明溝通，才能共同維持。

一個人生活時，生活中都是自己的物品，現在結婚了，必須與先生的私人物品一起共存，所以會有這樣的改變也很正常。

過去我很認眞地珍惜自己的物品，接下來，我也要好好愛惜先生的私人物品。

基於這個想法，不久前我與先生一起整理家中物品。話雖如此，由於工作關係，我的東西原本就少，我先生從舊家搬來的行李也只有四個紙箱，相當精簡，因此整理過程並不像「整理節慶」那麼盛大。

我只教他衣服的折法，同時上收納課。

按衣服類型教他正確的折法，解說大家耳熟能詳的「折疊與直立收納」「往右上方排列的吊掛收納」，說得口沫橫飛，接著一起實踐。

我一直主張每個人應該各自進行整理，但像這樣和家人一起度過「與物品面對面」的時光，感覺也很好。

整理讓我們充分體會物品與房子、自己與家人之間的緊密關係。

重新思考物品與人的關係之後，我發現日本人自古就懂得愛惜物品。誠如日本神話裡「八百萬神」這個名詞代表的意義，不只是海與山等大自然環境，就連爐灶和米粒也存在著神祇，因此對於萬物皆心存敬意。此外，我曾經聽說，日本早在江戶時代就已經建立了完整的回收系統，讓所有物品都能確實完成任務。

種種事實讓我不禁覺得，日本人的DNA天生就能感應到「棲息於物品裡的心」。「棲息於物品裡的心」可分成三方面，分別是「物品材質」「物品製造者」以及「物品使用者」各自擁有的心。

其中最能表現出物品個性的，就是「物品製造者」所擁有的心。

舉例來說，這本書是物品，簡單來說就是紙。不過，卻不是單純的紙，而是承載著我的心意的紙。

因此，就算闔上這本書，也會不斷對外傳送我想要傳達的事，例如「一定要完成整理」「希望我能幫助更多人邁向怦然心動的人生」。

即使如此，物品呈現的感覺仍然取決於「物品使用者」的想法以及對待方式。換句話說，你究竟要活用本書還是束之高閣？你如何對待這本書，將改變這本書的光芒與存在感。

這樣的關係不僅限於這本書，你的心將決定你擁有物品的價值。

這一陣子在整理現場，我的心中不斷浮現出「物哀」（注）這個詞彙。這個詞彙除了表現出對於大自然、藝術與世間無常引發的深刻情感，也代表事物本質以及感受這個本質的心。

隨著整理愈來愈深入，我愈能從客戶說的話和表情，感受到深層的「物哀」之情。

比方說，有個客戶專注地欣賞著自己最喜歡的舊自行車，感性地說：「我現在才發現，它是我的最佳拍檔。」還有另一位客戶也露出笑容對我說：「我愈來愈喜歡這雙平時使用的料理筷，真的愛不釋手呢！」整理除了會改變你對物品的感情，你的身體也會逐漸感受到季節變換的感覺，對待自己與家人也會比之前更溫柔。

整理可以強化自己與物品的關係，在這過程中，我們會對與自己有關的一切事物湧現「物哀」之情，喚醒所有感官中最細微的感覺。亦即回想起我們與生俱來珍惜物品的心，以及和物品相互扶持的情感。

如果現在的你總覺得內心不安，我建議你一定要展開整理。

將物品一個一個拿在手裡，問自己是否感到心動。

決定留下來的心動物品，請像對待自己一樣好好珍惜。

衷心祝福各位，每天都能充滿怦然心動的感覺！

注：日本平安時代王朝文學的重要審美理念之一。透過描寫景物，表達和宣洩人物內心深處的哀傷與幽情，以及對人世無常的感慨。

結語

# 這是最貼近讀者需求的一本整理書

我想爲自己的整理魔法書畫下完美句點。

於是，我寫了這本《麻理惠的整理魔法》。

回想起來，無論是第一本《怦然心動的人生整理魔法》或第二本《怦然心動的人生整理魔法2》，我在提筆的時候都認爲「這是我寫的最後一本整理書」。

我已將整理最重要的基本觀念，全都寫在《怦然心動的人生整理魔法》裡。接著再基於讀者對於第一本書的迴響，針對大家最想知道的項目提出解答，撰寫了《怦然心動的人生整理魔法2》。第三本《你值得每一天怦然心動的生活》，重點並不在於「整理節慶」，而是爲日常生活增添心動元素的發想。

關於整理，我想說的一切，似乎都已經寫在書裡了……

我心中一直這麼認爲，因此，當企畫這本書的編輯向我提案時，我的第一個想法是：「讀者眞的需要這本書嗎？」

沒想到實際寫書之後，才發現我的顧慮是多餘的。

之前出版的每一本書都具有強烈的閱讀元素，但若從「整理事典」的實用書觀點來看，這本才是最貼近讀者需求的作品。對於不想花時間閱讀我的長篇大論，只想知道整理時必要事項的讀者而言，只要有這一本即已足夠。

雖然這是我寫的最後一本整理書，但我絕不會停止提倡整理魔法。凡是興起整理念頭的人，我熱切地希望各位都能實踐並確實完成「整理節慶」（有時候我也很懷疑，自己一遇到整理就無法自拔的管家婆個性究竟從何而來……）。若是各位讀者還有更多回應，我一定會再從不同角度撰寫新書。

我從十五歲開始就展開我的整理人生。

在寫書之前，我開設一對一的專屬整理課，並將此視為我的終生事業。回頭一看才發現，我傳授整理的方式也不斷在改變。

不知不覺間，我收了兩名徒弟，更成立「日本怦然心動整理魔法協會」，致力培養更多整理諮詢顧問，讓日本各地的民眾都能參加整理講座或課程。

很幸運的，我的書也在海外受到注目。《怦然心動的人生整理魔法》如今已在美國、英國、德國、義大利、韓國、台灣與中國等國發行，包括預計出版的國家，總計會在三十四個國家出版翻譯版本，我眞的很開心。熱中整理的我在歷經重重困難與挫折後，創造出麻理惠整理魔法，化身為「The KonMari Method」，開始在各國掀起熱潮，這樣的結果早已超乎我的想像。我的書不只登上美國《紐約時報》，許多海外讀者也陸續寫信給我，讓我相當驚喜。今後我會前往世界各國了解不同國家的整理現況，繼續提倡「麻理惠整理魔法」。

作者簡介

## 近藤麻理惠

日本知名整理諮詢顧問，擅長施展戲劇性轉變的整理魔法。

國中三年級因閱讀暢銷書《丟棄的藝術》開竅，全心投入收納整理技巧的研究中。大學二年級開始從事顧問服務，自創「麻理惠心動人生整理魔法」。「一旦學會就絕對不會再弄亂」的成效備受好評，在客戶口耳相傳之下打開知名度。在一對一的專屬課程中，總計讓學員丟掉超過一百萬件物品；為女性開設的課程也大受歡迎，維持畢業生回流率零的優良成績。

《怦然心動的人生整理魔法》《怦然心動的人生整理魔法2：實踐篇・解惑篇》及《你值得每一天怦然心動的生活》系列作品在日本已銷售突破200萬本。同時在全世界掀起「麻理惠旋風」，二〇一五年獲美國《時代雜誌》選為年度百大影響力人物。美國版《怦然心動的人生整理魔法》暢銷百萬本以上，並曾同時登上美國與義大利的Amazon暢銷榜總冠軍，目前全球已有34國版本。

譯者簡介

## 游韻馨

真正的人生，從「整理之後」開始。此系列邁入了第四本書，透過簡單圖解進一步強調重點，幫助我們維持怦然心動的魔法人生。

部落格：http://kaoruyu.pixnet.net/blog

e-mail：kaoruyu@hotmail.com

國家圖書館出版品預行編目資料

麻理惠的整理魔法：108項技巧全圖解／近藤麻理惠 著；游韻馨 譯. -- 初版 -- 臺北市：方智，2015.11
256面；13×18.6公分 --（方智好讀；78）
ISBN 978-986-175-409-3（精裝）

1. 家庭佈置

422.5 104019165

Eurasian Publishing Group
圓神出版事業機構
用心與你對話・網野無限寬廣
方智出版社
Fine Press

http://www.booklife.com.tw reader@mail.eurasian.com.tw

方智好讀 078

麻理惠的整理魔法：108項技巧全圖解

作　　者／近藤麻理惠
插　　畫／井上masako
譯　　者／游韻馨
發 行 人／簡志忠
出 版 者／方智出版社股份有限公司
地　　址／台北市南京東路四段50號6樓之1
電　　話／（02）2579-6600・2579-8800・2570-3939
傳　　真／（02）2579-0338・2577-3220・2570-3636
郵撥帳號／13633081　方智出版社股份有限公司
總 編 輯／陳秋月
資深主編／賴良珠
責任編輯／柳怡如
美術編輯／王　琪
行銷企畫／吳幸芳・陳姵蒨
印務統籌／劉鳳剛・高榮祥
監　　印／高榮祥
校　　對／柳怡如・巫芷紜
排　　版／杜易蓉
經 銷 商／叩應股份有限公司
法律顧問／圓神出版事業機構法律顧問　蕭雄淋律師
印　　刷／祥峯印刷廠
2015年11月　初版
2024年4月　33刷
ILLUST DE TOKIMEKU KATADUKE NO MAHOU


定價300元　ISBN 978-986-175-409-3 